A Practical Approach to
Scientific Molding

科学注塑实战指南

（美）加里·席勒（Gary F. Schiller） 著
王道远　赵唐静　王晓东　译

化学工业出版社

·北京·

《科学注塑实战指南》从注塑成型加工的基本要素出发，阐述了注塑机的主要组成部分及其工作原理，同时也简单介绍了模具、材料和冷却等其他成型要素。其中注塑机性能测试和注塑工艺开发测试部分是本书的亮点，同时也是科学注塑法的精髓所在。书末列举了常见工艺缺陷的诊断和排除方法，十分便于现场随时查阅。

　　书中介绍的很多方法操作简单，原理描述通俗易懂，特别适合从事注塑模具或注塑成型生产的一线技术人员使用，也可供相关专业学生以及科学注塑培训机构作为培训教材使用。

A Practical Approach to Scientific Molding by Gary F. Schiller

ISBN 978-1-56990-686-6

Copyright© 2013 Carl Hanser Verlag，Munich. All rights reserved.

Authorized translation from the English language edition published by Carl Hanser Verlag.

北京市版权局著作权合同登记号：01-2019-1182

图书在版编目（CIP）数据

科学注塑实战指南/（美）加里·席勒（Gary F. Schiller）著；王道远，赵唐静，王晓东译. —北京：化学工业出版社，2020.5（2024.2重印）

书名原文：A Practical Approach to Scientific Molding

ISBN 978-7-122-36321-3

Ⅰ.①科…　Ⅱ.①加…　②王…　③赵…　④王…

Ⅲ.①塑料成型-注塑-指南　Ⅳ.①TQ320.66-62

中国版本图书馆CIP数据核字（2020）第035357号

责任编辑：赵卫娟　　　　　　　　　　　　装帧设计：韩　飞
责任校对：王鹏飞

出版发行：化学工业出版社（北京市东城区青年湖南街13号　邮政编码100011）
印　　装：涿州市般润文化传播有限公司
710mm×1000mm　1/16　印张11¼　字数158千字　2024年2月北京第1版第5次印刷

购书咨询：010-64518888　　　　　　　　售后服务：010-64518899
网　　址：http://www.cip.com.cn
凡购买本书，如有缺损质量问题，本社销售中心负责调换。

定　　价：98.00元　　　　　　　　　　　　　版权所有　违者必究

序

近年来，随着西方国家的工业 4.0 战略和中国制造 2025 战略的不断推进，科学注塑成型在中国乃至全球的应用方兴未艾。

社会的发展和人们生活水平的不断提高，促使消费者对注塑产品质量提出了越来越高的要求。而原材料和人工成本的不断上升，使注塑企业面临的挑战与日俱增。越来越多的企业认识到依靠传统的产品品质控制方式运营，已难以赢利。

科学注塑作为一种实践，充分利用先进的设备和技术，优化注塑成型工艺，减少人工干预，能够在注塑生产过程中显著降低人工成本，实现低消耗、高效率和高品质的生产模式。

科学注塑成型的主要特点是关注模具型腔内塑料的动态过程，而不是注塑机控制屏上的参数。实施这种工艺策略，可以给注塑企业注入新的生命力，为注塑生产实现自动化、无人化、智能化铺平道路。近几年，在国内经过我们辅导的多家注塑企业在这方面取得显著成效。科学注塑成型已不仅仅是一个行业流行词，它还悄然地改变着我们的产业发展方向。

在美国 RJG 公司学习了科学注塑成型技术（Decoupled Molding^{SM}）后，我开始在中国、马来西亚等亚洲地区用中文讲授科学注塑成型技术。通过这些年科学注塑的课程培训及与客户的交流，我发现这些地区的大多数注塑从业人员对科学注塑成型（又称系统成型）认知尚不全面。尤其在国内，真正全面深刻理解科学注塑理念的人才少之又少，而有关的中文学习资料和书籍也十分匮乏。

正是在这种缺乏科学注塑中文书籍的背景下，马勒汽车技术（中国）有限公司生产技术总监王道远先生组织翻译了本书，并邀我作序，我感到十分荣幸。在此对王道远先生和其他译者的辛勤付出深表感谢。

本书描述了科学注塑的基本知识和操作方法，是一本难得的科学注塑入门读物。原著作者也曾经是 RJG 公司的培训讲师，有着丰富的科学注塑实战经验。相信本书的发行将为国内注塑企业带来福音。

张甲琛

深圳新华科注塑科技有限公司总经理

原美国 RJG 公司首位中文培训师

2019 年 9 月 8 日

相信注塑和模具行业的同行大都有以下不愉快的经历：精心制作的模具投入量产后，生产出来的产品仍瑕疵难掩。不是存在表面质量缺陷，就是尺寸偏离公差范围，难以满足客户的要求。众所周知，注塑产品的质量涉及产品设计、模具制造、注塑机以及辅助设备、塑料粒子以及注塑工艺等多方面因素。一旦出现质量问题，往往有多个因素交织其中。若无法及时准确地找到解决方法，公司部门间就会互相推诿指责，客户投诉也在所难免。

在弗伯哈（FOBOHA）和博尔达米克朗（Balda-Mikron）等欧洲企业多年就职的经验告诉我，东西方文化在寻找解决问题的方法上存在很大差异，这种差异在模塑行业也普遍存在：国内大多数企业解决注塑问题主要靠经验和直觉，而欧美企业解决问题则倾向于运用系统方法和程序化措施。后者虽然过程相对复杂，甚至会多消耗一些资源，但往往都能达到既定的目标。而科学注塑就是一套来自欧美的系统解决注塑问题的方法论。

2018年我在美国 NPE 展会上看到了 Gary F. Schiller 先生的新作 *A Practical Approach to Scientific Molding*，短暂翻阅，便爱不释手。联想到国内科学注塑方面的书籍较为匮乏，顿觉应尽早翻译介绍给国内同行。该书从注塑成型加工的基本要素出发，科学系统地阐述了注塑机的主要组成部分及其工作原理，同时也简单介绍了模具、材料和冷却等其他成型要素在工艺中起的作用。书中介绍的科学注塑系统测试方法既是本书的亮点，也是科学注塑的精髓所在，它们能帮助读者便捷地找到注塑质量缺陷的根源所在。书末列举了常见工艺缺陷的诊断和排除方法，简单实用。对于广大模塑同行来说，一卷在手，解难无忧。

原著作者有着长达 37 年的注塑生产经验以及 27 年的科学注塑实战经

验，他还拥有美国 RJG 公司的高级培训师资格，相信广大读者定能从书中受益。本书特别适合从事注塑模具或注塑成型生产的现场工程技术人员使用，也可供大专院校相关专业学生以及科学注塑法培训使用。

美国 RJG 中国分公司培训师赵唐静先生和原美国雨鸟灌溉设备（上海）有限公司王晓东先生参与了本书的翻译工作。其间，还得到了业内多位专家和同行的指点和帮助。美国 RJG 公司首位科学注塑中文培训师张甲琛老师给予了宝贵的专业建议，另外王骏、张杰、王增辉、程树年等也给予了大力支持，在此一并致谢。

受译校水平所限，本书译文中难免存在不妥之处，恳请广大读者不吝赐教。

王道远

2019 年 10 月 2 日于上海

前　言

本书旨在帮助注塑成型技师解决注塑车间里日常遇到的工艺难题。书中不仅叙述了注塑机的各种功能，还介绍了多种辅助设备，以满足生产合格产品的需要。本书的章节安排会让读者对注塑机和材料的认识更加透彻并贴近实际。

从塑料本身的角度出发，诠释整个注塑工艺。要生产出高质量的产品，正确的加热、流动、补缩以及冷却方式缺一不可。

作为科学注塑工艺指南，本书不仅会引导读者找到解决问题的方法，还要让读者理解方法背后的原理，以及注塑参数调整对塑料产生的影响。各种方法均从热流道模具和冷流道模具两个不同的角度详加论述。

材料不同，特性各异，缺陷出现的形式也大相径庭。学会研判零件特点和分析设备状态，由此洞悉其中内在联系，便可找到解决日常注塑问题的途径。

对工艺和设备进行调整时，切记每次调整后都需检查在产品上产生的效果。如果没有效果，就返回到之前的设置点。为了解决注塑问题频繁调整工艺参数，难免混淆真正有效果的调整。因此，需要仔细检查产品质量和注塑机参数，找出每次调整对工艺和注塑机的影响。

一些不应忽略的技术细节如下：

- 巡视注塑机，确认连接模具的冷却水管里都充满水，没有漏接水管。注塑机运转正常（包括液压压力、注塑时间、加热系统），确保没有异响。
- 确保模具状态正常，可以生产合格产品。
- 检查原材料：确保无污染物（灰尘、其他树脂或水汽）混入并且干燥得当。

- 确保工艺没有短板（不存在压力限制，切换位置正常，成型周期正常）。

能解决所有注塑问题的灵丹妙药并不存在。然而对科学注塑原则的深入理解，将有助于我们消除由于无知而造成的浪费。

注塑工艺涉及以下三个主要组成部分：注塑单元、锁模单元和模具。在接下来的章节中，我们将讨论这几个组成部分的功能，以及它们对工艺过程和原材料状态的影响。

我谨向以下公司和人士表示感谢：
- 位于迈阿密州特拉弗斯城的 RJG 公司，特别鸣谢 Gary Chastain，Pat Mosley 及 Shane Vandekerkhof。
- 位于宾夕法尼亚州伊利市的美国注塑学院（AIM Institute），特别鸣谢 John Beaumont 和 Dave Hoffman。
- 位于北卡罗来纳州阿什伯勒的 Technimark 有限责任公司，特别鸣谢 Brad Wellington 和 Bruce Winslow。
- 位于俄亥俄州巴达维亚的 Milacron 有限责任公司，特别鸣谢 Kent Royer。
- 我还要感谢 Gary Mitchell。

加里·席勒

作者介绍

- 注塑行业从业 37 年
- 一级、二级注塑技师以及培训师导师认证；拥有 27 年科学注塑经验，曾任 RJG 内部讲师
- 毕业于美国注塑学院（AIM Institute），塑料技术及工程专业
- 美国注塑学院咨询委员会委员
- 实用流变学——宾夕法尼亚州伊利市
- 试验设计和质量工程法——科罗拉多州立大学
- 全面质量管理——科罗拉多州丹佛市前沿社区学院
- ASQ 机械巡检师认证
- ASQ 质量技师认证
- 多种塑料加工的工艺专家

专业技能
- 叠模注塑
- 立方模具注塑技术
- 双色注塑
- 嵌件注塑
- 多腔模注塑
- 通用及工程塑料

目　录

注射单元：螺杆

本章中，我们将讨论注塑机注射单元（图 1.1）主要部件的功能，以及它们在塑件制备过程中所发挥的作用。

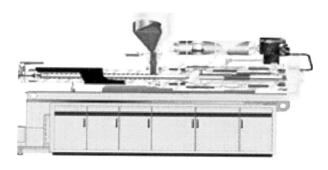

图1.1　注射单元

■ 1.1　熔料的制备

塑料粒子进入料筒后，受到料筒壁和螺杆槽的挤压，产生摩擦和剪切并开始发热，该过程称作机械加热过程。

另一种加热方式是电加热，由料筒周围的加热圈完成加热。加热圈通常由冷却状态开始加热料筒和塑料。经过适当的预热（通常是 30 min）后螺杆开始转动。加热圈用来维持料筒里的温度恒定，防止塑料里有低温点。

一旦料筒达到预设温度，螺杆便开始向前挤压料粒。塑化过程中大约有 80% 的热量来自材料的剪切，另外 20% 则来自电加热装置。

图 1.2 显示了螺杆各区段塑料的熔化状态。螺杆后段有一个熔池，当

螺杆旋转时，熔池将未熔化的料粒往前往上推向料筒壁。未熔化的料粒与料筒壁挤搓并发生摩擦，于是料粒熔化并进入熔池。

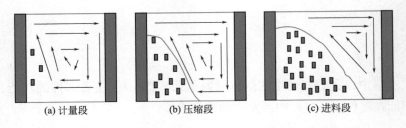

图1.2   螺杆各区段塑料的熔化状态（AIM学院提供）

■ 1.2 熔料的流动

注塑机的液压装置提供了注塑所需的液压压力。

注射速度的设定必须保证螺杆向前运动，并有足够的液压压力推挤塑料。控制系统通过线性传感器接收到的速度信号，来控制液压阀的开闭，确保注射速度不受液压压力的限制。这里我们需了解一下注射速度对材料流变特性的影响：塑料通常表现出非牛顿流体的特性，即注射速度或材料流动速率越快，塑料就会变得越稀，越易于流动。

■ 1.3 熔料的加压

止逆阀是对熔料加压的注塑机部件。它通过滚珠止逆螺杆头、滑动止逆环和提升式止逆环对料筒进行密封。当然也可以用柱塞式螺杆将塑料注入模具，柱塞式螺杆结构中不存在类似止逆环的局部移动部件。

每当熔料往前推挤时，止逆阀会自动关闭，熔料无法回流。如果发现有熔料回流，则应关注止逆阀或料筒是否出现了磨损。止逆阀和料筒的磨损将会在后面详细讨论。

■ 1.4　螺杆的区段划分

目前，市场上有形状多样且制作材料不同的螺杆。其中往复式螺杆具有传输、压缩和加热原料的复合功能。螺杆的区段及底径变化分别见图 1.3 和图 1.4。

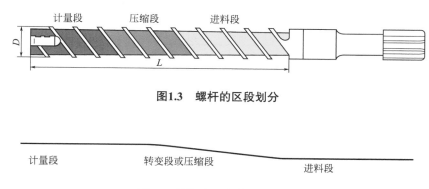

图1.3　螺杆的区段划分

图1.4　螺杆各区段的底径变化

1.4.1　进料段

进料段将原材料从进料口输入料筒并进行压实。当螺杆转动时，该区段内的料粒受螺杆槽压缩并与料筒壁发生摩擦。加工的原料不同，所选择的螺杆进料段长度也应有所区别。进料段较长的螺杆适用于剪切敏感性高或熔点较低的材料。

1.4.2　压缩段

该区段的螺杆槽深度逐渐变浅，原料经受的压缩也更加剧烈。此时的摩擦力和剪切力均有所增加，这对熔料很有好处。这里也是材料加热最集中的区段。

1.4.3 计量段

该区段的螺杆槽最浅。材料到达此处时应已完全熔化，并将通过止逆阀，抵达螺杆前端，为下一次注射做好准备（图1.5）。

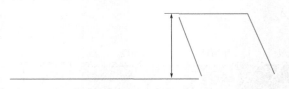

图1.5 螺杆计量段深度的测量

■ 1.5 长径比

螺杆长度（L）由螺杆前端测量至螺纹尾端。螺杆直径（D）则是由螺杆槽顶部测量至螺杆另一侧的对应位置（见图1.3）。注塑机螺杆 L/D 值的选择原则：L/D 值太小会导致料粒无法彻底熔化，而 L/D 值太大，原料滞留时间过长，可能会引起塑料烧焦或降解。

■ 1.6 压缩比

压缩比是进料段螺杆槽深度（图1.6）与计量段螺杆槽深度（图1.5）之比。如果螺杆的压缩比为 3∶1，意思是进料段螺杆槽深度为计量段深度的 3 倍。螺杆槽深度应由螺纹根部测量到顶部。

例：

螺杆进料段深度为 0.450 in（1 in=2.54 cm），而计量段深度为 0.150 in，压缩比可表示为 0.450∶0.150=3 或 3∶1

图1.6　螺杆进料段深度的测量

不同材料适用的压缩比：

- 低压缩比为 1.5∶1 至 2.5∶1 之间，用于剪切敏感类材料
- 中压缩比为 2.5∶1 至 3∶1 之间，用于通用材料
- 高压缩比为 3∶1 至 5∶1 之间，用于结晶型材料

判断材料压缩比是否合适的一个方法是检查正常的成型周期内，产品上是否出现黑纹或未熔化料粒。只要发现其中一种缺陷，就证明螺杆所采用的压缩比不合适。

■ 1.7　螺杆结构

螺杆结构指的是螺杆每段的螺纹圈数（见图1.7）。有些螺杆具有 10-5-5 的结构，这代表计量段有 5 圈螺纹，压缩段有 5 圈而进料段有 10 圈螺纹，是一根典型的通用螺杆。

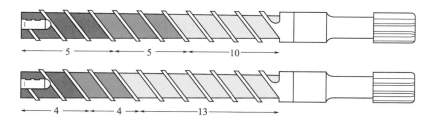

图1.7　不同的螺杆结构

具有 13-4-4 结构的螺杆较适合于剪切敏感型材料，它的进料段较长而

压缩段较短，材料不会急速加热，也不会产生较大的压缩或剪切力。

■ 1.8 注射压力

注射压力也称为激励压力、填充压力或第一阶段注射压力。注射压力的作用是保证注射过程中始终有充沛的压力，避免因压力受限而影响填充速度的情况发生。如果填充压力限制了填充速度，材料的剪切速率就会发生变化（当出现压力受限时，压力将控制填充过程，于是填充速度或流动速率便趋不稳，正在进行剪切的塑料温度也会随之波动，从而造成收缩不均）。

设定注射压力时，应从能够填满95%产品的水平开始。完成相对黏度测试后（请参见第6章的测试程序），可选择一挡最佳的注射速度，然后缓慢调低填充压力直至填充时间开始发生变化。填充时间开始增加的位置，就是压力开始影响填充速率的节点。

考虑到正常操作中存在黏度变化的可能性，填充压力的设定点应高于切换压力150～250 psi（1 psi = 6.895 kPa）。

■ 1.9 填充时间上限

填充时间上限是机台附加的一个安全功能，用来保护模具和稳定工艺。定时器设定的时间应稍长于机台的填充时间。一旦切换位置无法及时达到，定时器便触发保护功能，并实现机台的自动切换。

在多腔模具中，如果发生一腔堵塞，定时器也会触发保护功能，实现机台向低保压阶段切换。

例如，一台注塑机稳定的填充时间为0.74 s，多加0.1 s，设定填充时间上限为0.84 s。设定上限的另一个目的是，一旦黏度变化导致填充时间增加，定时器便会报警，提示工艺参数需要进行调整。

■ 1.10　补缩压力和时间

补缩压力用来完成填充过程并将塑料压实在模具型腔表面。补缩压力把两段工艺（填充和补缩）所需的全部塑料注入型腔，充分满足浇口封闭和尺寸公差的要求。补缩压力一般低于填充压力，大小取决于产品几何形状和壁厚。补缩工艺和时间紧密相关，需要有足够的时间来完成。

■ 1.11　保压压力和时间

保压起着保留已注射到模具型腔中的原料的作用，此时设置的压力大小只要能防止螺杆回退即可。一旦螺杆发生后退，已注入型腔的塑料就会被型腔压力推回，造成尺寸偏差以及浇口附近补缩不足。请留意料垫（料垫是在填充和保压结束时残留在螺杆前端的熔料）大小！保压工艺也与时间相关，也需要足够的时间来完成。

这里有个原料的补缩率的问题。有时我们并不希望一直补缩到浇口完全冻结，因为当远离浇口端的料锋停止前行时，如果进一步补缩将会造成补缩率或者收缩率不均匀，这也会造成尺寸误差。

■ 1.12　止逆阀的功能

止逆阀的作用是在螺杆回退熔料时，熔料可穿过止逆环流向前端，而在注射过程中封挡熔料，防止其回流（见图 1.8～图 1.10）。尽管不同止逆阀的结构有所不同，但它们的功能都大同小异。止逆阀的外径和料筒内壁间存有间隙，根据制造厂家不同和机台规格不同，间隙一般介于单边 0.003 in（0.076 mm）至 0.005 in（0.127 mm）之间。此间隙已预留了钢件受热产生的膨胀。

当间隙增加或止逆阀发生磨损时，泄漏便会增加。此时，止逆阀就失去了正常的加压作用。在补缩和保压后期，螺杆顶端的料垫量也会有所损失。

原料在止逆阀和料筒壁之间受挤压时就产生剪切发热。而在止逆阀存在泄漏时的剪切发热，会导致材料的黏度存在区别，并造成材料冷却速率和收缩率的不同。

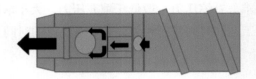

图1.8　滚珠式止逆阀流动模式（截面图）

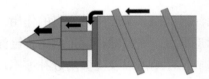

图1.9　滑环式（三件套）止逆阀流动模式（截面图）

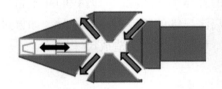

图1.10　提升式螺杆头流动模式（截面图）

图 1.11 中的摩擦头是低剪切型螺杆头，塑料在螺杆顶端受到拉伸，该螺杆头上没有移动部件，适用于如 PVC 等剪切敏感性材料。

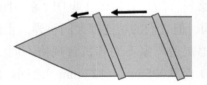

图1.11　摩擦头或柱塞头流动模式

■ 1.13　不同形式的止逆阀

止逆阀的形式见图 1.12 和图 1.13。

图1.12　滚珠式止逆阀

图1.13　滑环式止逆阀（3件套）

■ 1.14　松退（泄压、回抽）

松退的目的是为了释放螺杆前端的压力，从而释放热流道或冷流道里的压力。当螺杆回抽时会在料筒里产生真空效应。一旦存在真空效应，机床喷嘴就会将熔料回吸并在前端形成空腔。于是浇注系统和热嘴头部的压力得以释放，避免浇口或喷嘴流涎。松退有以下两个不同阶段：

前松退只能在配有喷嘴针阀封闭装置的注塑机上进行，当针阀完全封闭喷嘴及螺杆旋转前实行松退，在喷嘴前端形成空腔，让热流道分流板内的受压熔料减压。

如果没有针阀喷嘴封闭装置，则需要用后松退来回吸熔料，以防在喷嘴或浇口处流涎。

其实无论注塑机喷嘴是否配有针阀封闭装置都应该安排后松退。这样在螺杆前端会形成一个微小间隙。当螺杆前移注射下一周期时，止逆阀就有了后退的空间，起到正常的密封作用。

回抽或松退距离最少不应小于止逆环或止逆球的移动距离。作为参考，我们建议再加 0.25 in（6.35 mm）作为起始值，但有时也要根据系统中的熔料压缩量多少判断是否需要更长的松退距离。松退对注射或螺杆前移时止逆阀的封胶也有所帮助，因为松退能产生一个微小间隙，在螺杆前移时，止逆环或止逆球就有时间先行复位，实现封胶。

■ 1.15　螺杆旋转延时

机台螺杆开始旋转前至少需要 0.5 s 的延时。补缩和保压结束后，止逆环座和止逆环是紧密贴合的；如果螺杆没有任何延时即开始旋转，金属部件之间就会首先发生相对运动，这会造成止逆环提前磨损。

但如果螺杆在补缩和保压后延时旋转，紧靠着的金属部件便可先行分离，这样密封部位的磨损可降到最低。

■ 1.16　往复式螺杆混炼头

混炼头能使材料在通过计量段之后更好地揉搓和混合。混炼头位于止逆阀和计量段之间。当材料通过计量段时，料粒已基本熔化。在此最后区段，材料通过混炼头上的浅槽（图 1.14）流入下一级沟槽，并抵达螺杆前端。混炼头能防止未彻底熔化的粒子通过浅槽，进入注射或浇注系统中。

使用混炼螺杆的目的是为了让原料能够充分混合和揉搓，但有可能会造成过度剪切，引起材料变色，这点应引起注意。色暗可能就是使用混炼螺杆时色母烧焦引起的。

图1.14 典型的往复式螺杆端部混炼头（照片由Technimark LLC提供）

■ 1.17 阻隔式螺杆

阻隔式螺杆是一种可以阻止未熔化料粒进入熔料的螺杆。螺杆上有特别加工的次级螺杆槽，当熔料通过时阻挡未熔料粒，使其进行彻底熔化。

次级螺杆槽比主螺杆槽浅，只允许熔料通过（见图1.15）。在图1.15的例子里，螺杆制造商推荐使用反向加热曲线❶，但这需根据材料而定，在某些情况下，则应使用正常加热曲线❷。

可以向材料和螺杆供应商咨询，找到合适的塑料加热曲线。

图1.15 阻隔式螺杆结构（箭头所指为次级螺杆槽）（照片由Technimark LLC提供）

---

❶ 反向加热曲线：螺杆后部温度高于前部及喷嘴部分的温度分布曲线。——译者注

❷ 正常加热曲线：螺杆后部温度等于或低于前部及喷嘴部分的温度分布曲线。——译者注

2 注射单元：料筒

■ 2.1 料筒

料筒一般是由合金钢制作的腔体，内部装有往复式螺杆或柱塞式螺杆，用来实现供料功能。料筒设计时就考虑了注射的高压工况。料筒上有放置热电偶的安装孔（见图2.1），在料筒尾部有一个大开口称为进料口（feed throat）。

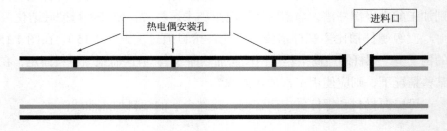

图2.1 包含热电偶安装孔的料筒示意图

■ 2.2 热电偶

热电偶（见图2.2和图2.3）能测量到料筒各区域的温度并将温度信号反馈给人机交互界面控制单元。观察一下注射单元里的料筒就会发现，热电偶是安装在两个加热圈之间的，这样能避免该区域内因信号误差引起的过热或加热不足。

要注意热电偶孔内不能留有碎屑或污染物，否则会造成温度读数不准。还应防止溢料阻碍热电偶顺利与孔底面接触。

图2.2 扁形热电偶（照片由Technimark LLC提供）

图2.3 带90°弯头的热电偶（照片由Technimark LLC提供）

热电偶是由两种不同材料或者不同金属组合而成的，它们之间在特定的温度下会产生有规律的电压。

制作热电偶的两根导线尾端是熔接或焊接在一起的。图 2.4 中显示了探测点。如果热电偶在预设的探测点分离或断开，那么新的接触区域将会成为实际探测点（图 2.5）。无论导线接触什么地方，那里就是产生电压的位置。如果位置不对，采集的温度读数也不会正确。

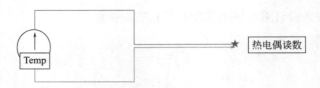

图2.4　正常的热电偶读数

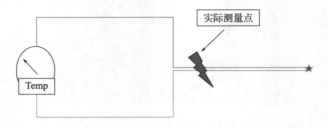

图2.5　破损导线实际测量点

图2.6　J型热电偶插头

　　参考图 2.10 可对美制 J 型热电偶（图 2.6）进行甄别。注意正极连线为白色而负极连线为红色，而保护层为黑色（图 2.7）。K 型热电偶及其颜色代码分别见图 2.8 和图 2.9。

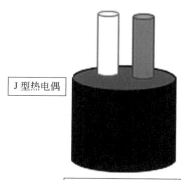

J 型热电偶

白色正极为铁合金材料，
红色负极为康铜材料

图2.7 J型热电偶接线颜色代码

图2.8 K型热电偶插头

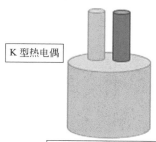

K 型热电偶

黄色正极为镍铬合金，
红色负极为铝镍合金

图2.9 K型热电偶颜色代码

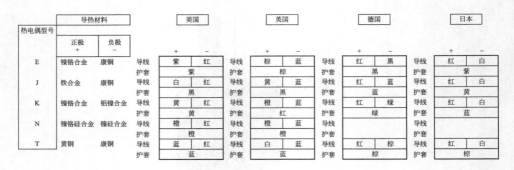

热电偶型号	导热材料 正极+	导热材料 负极-	美国 导线+	美国 导线-	美国 护套	英国 导线+	英国 导线-	英国 护套	德国 导线+	德国 导线-	德国 护套	日本 导线+	日本 导线-	日本 护套
E	镍铬合金	康铜	紫	红	紫	棕	蓝	棕	红	黑	黑	红	白	紫
J	铁合金	康铜	白	红	黑	黄	蓝	黑	红	蓝	蓝	红	白	黄
K	镍铬合金	铝镍合金	黄	红	黄	橙	蓝	红	红	绿	绿	红	白	蓝
N	镍铬硅合金	镍硅合金	橙	红	橙	橙	蓝	橙						
T	黄铜	康铜	蓝	红	蓝	白	蓝	蓝	红	棕	棕	红	白	棕

图2.10　热电偶及护套色码对照表

■ 2.3　加热圈

加热圈（见图 2.11 和图 2.12）通常由铜线或电阻丝和外面的云母保护层构成，它用来为料筒提供热源，并将料筒加热至预设温度，然后维持温度稳定。

为了达到良好的接触效果，加热圈必须紧紧包裹住料筒。如果加热圈安装过松，则无法在所有部位与料筒实现良好接触；如果加热圈在料筒或喷嘴的覆盖面积过小，会因局部热量散失过快产生低温点，而加热圈覆盖部分则加热过度，由此温度失控而变得红热，加热圈寿命也会随之缩短。

图2.11　喷嘴加热圈（照片由Technimark LLC 提供）

图2.12　料筒加热圈（照片由Technimark LLC 提供）

　　为了验证加热圈工作是否正常或者完全无法工作，可取一块塑料去接触加热圈（注意：出于安全考虑必须佩戴隔热手套；而且这种方法仅适用于加热圈裸露的老旧机台，新型设备通常装有隔热防护罩），正常情况下加热圈会很快将塑料块熔化。如果塑料没有熔化，仍旧处于低温状态或只是粘连在加热圈表面，就说明加热圈已发生故障，需要进行更换。

　　更换加热圈时，必须确认新加热圈的尺寸、功率以及额定电压。

■ 2.4　加热圈间隙

　　观察一下安装在注射单元上的加热圈就会发现，它们之间存在一定的间隙（见图 2.13），用来散发多余的热量。如果将加热圈紧密相连，不留间隙，就会导致料筒过热或工作异常。所以在更换失效的加热圈时，这点要特别留意。

图2.13　起散热作用的加热圈间隙（照片由Technimark LLC 提供）

■ 2.5 加热圈功率

为了计算加热圈功率，需要知道电源的电流值和电压值。大部分注塑机运行电压在 200 V 以上（208 V、220 V 或 240 V），于是只需要知道下列公式中的电压值：功率＝电流 × 电压。三者的关系见图 2.14。

> 例：
>
> 已知电流为 4.5 A，电压为 220 V，求功率的等式为：$W = A \times V$ 或 $4.5 \times 220 = 990$（W）。如果电流为 1.5 A，电压为 110 V，则 $W = A \times V$ 或 $1.5 \times 110 = 165$（W）。
>
> 如果想知道通过控制器的电流大小，公式为：$A = W/V$。设加热圈功率为 990 W，电压为 220 V，则电流为 $A = W/V$ 或 $990/220 = 4.5$（A）。

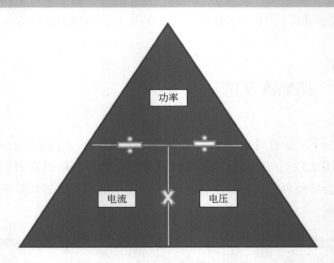

图2.14　功率-电流-电压的三角关系

■ 2.6 料筒磨损

料筒磨损一般是因长期以固定注射量生产造成的。原料中的填料（玻璃纤维、滑石粉、碳酸钙，或者半结晶材料）会造成料筒磨损。料筒磨损会导致料垫量不稳、螺杆储料不均、原料污染以及熔料漏过止逆阀，造成暗纹和过度剪切。料筒磨损还会让料皮残留在料筒上，导致塑料降解并在产品上留下暗纹。

在描述已磨损的料筒形状时，有一个通俗的词叫"喇叭口"，这是料筒金属内壁受原料持续冲刷摩擦造成的（图 2.15）。这种现象也会在料筒中部的过渡段或压缩段出现，因为此处的摩擦剪切最为剧烈。新的螺杆和料筒中，止逆阀和料筒之间的单边间隙应为 0.003 in（0.076 mm）。有些机器制造厂家使用的间隙为 0.005 in（0.127 mm）（请向螺杆和料筒供应商了解正常的间隙大小）。验证料筒前端是否磨损的一个方法是调增注射量，使其占据新的料筒区段（谨记：只要注射量有所增加，切换位置也要相应增加，以获得填充达 95% 的制件）。

图2.15　长期使用料筒固定区段冲刷处的磨损

■ 2.7　进料口

进料口是料筒上最容易被忽略的部位。它是原料进入料筒前的准备区域，如此处温度过低原料会吸收湿气（需要了解厂区内的相对湿度），而如果温度过高，会产生高温结块造成堵塞。

进料口的推荐温度一般介于 105 ℉（45.5℃）到 150 ℉（65.5℃）之间，或尽可能接近烘料温度。另一种温度确定方法是：低温下限应避免结露，高温上限原料不能结饼。

最重要的一点是，进料口水路不应接冰水机以免聚集湿气。大多数注塑厂将冷却水塔的水接入进料口水路，导致昼夜或季节交替时产生温度波动。为了保持进料口温度恒定，应为进料口单独安装一组循环水路。

■ 2.8 料筒排气

进料口应保持温度合适的另一个原因是它也可用于料筒排气。随着原料进入料筒，挤压和加热过程开始，混在原料里的空气和挥发性物质需要有地方排出，进料口就是最合适的地方。如果进料口附近温度过低，从原料中释放出来的挥发物和添加剂便会在料筒内侧形成凝结层。凝结层会阻碍挥发物和空气进一步排放，并将它们困陷在熔料中，从而形成气泡或其他产品缺陷（图2.16）。

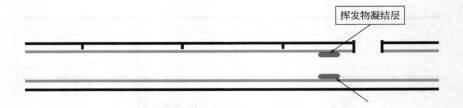

挥发物凝结层

图2.16 进料口处添加剂形成的凝结层（资料来自美国注塑学院）

添加剂的分子链较短，更容易从长分子链聚合物中分离或挥发。

原料中添加剂易于熔化并释放气体，需要从进料口排出。但如果料筒内侧有凝结层，气体便无法顺利排出，而是被困在熔料中造成产品缺陷。

■ 2.9 料斗

料斗的作用是向进料口不断地输送原料，无送料中断、阻塞或挂料。

原料一般都从料斗中心流入，而侧边可能会有挂料现象。挂料会引起原料干燥过度或干燥不足，也会因混料不均带来产品质量问题。

漏斗形料斗（见图2.17）底面与中心线的夹角应小于60°，这将有助于原料的顺利流入。

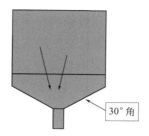

30°角

图2.17 漏斗形料斗设计（资料来自John Bozzelli，美国注塑学院）

大容量料斗（图2.18）可以提供均匀的料流，原料的干燥和混合也更加均匀，大量原料混料或混色不均造成的问题也会减少。尽量让原料"先进先出"，避免出现死角挂料的现象。

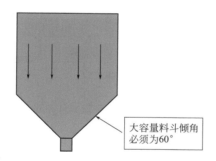

大容量料斗倾角必须为60°

图2.18 大容量料斗设计（资料来自John Bozzelli，美国注塑学院）

■ 2.10 干燥料斗布局

典型的干燥料斗布局见图2.19。

对于吸湿性原料，水分子会浸入料粒内部，而对于亲水性原料，水分子只吸附在料粒表面。

吸湿性的原料会从空气中吸收水分，所以注塑加工前必须用干燥机干燥。

使用干燥机需要注意下列事项：

（1）热风源　输入干燥筒的热风必须干燥。

（2）风量　必须用鼓风机向干燥筒吹入适量热风。

（3）滞留时间　原料必须在干燥筒内停留足够时间以保证干燥充分。

（4）含水率/露点　进入干燥筒空气的露点应为 -40 ℉（-40℃），目的是控制原材料含水率。该指标因原料而异，多数应介于0.01%～0.05%。

（5）循环空气的温度　应为 150 ℉（65.5℃）或更低，否则干燥效率会有所降低。

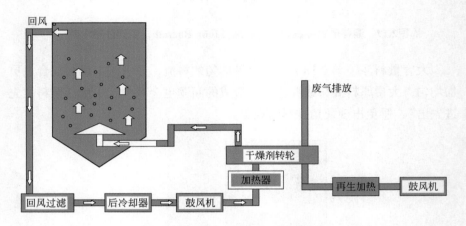

图2.19　典型的干燥料斗布局

干燥机是注塑机上较容易被忽略的设备。不同管径的软管常用胶带扎在一起，一旦胶带被吸进烘料斗就可能造成原料污染。

如果回风口过滤器不进行定期清理，空气流量和设备干燥能力会有所下降。而原料碎屑一旦进入干燥剂储藏室的话，会引起干燥剂失效，这时就必须更换新的干燥剂。

如果干燥料斗的热风管或回风管打结或破损，也需要及时更换。

■ 2.11　过滤和清料装置

喷嘴过滤装置是安装在喷嘴前端的辅助装置，用来滤除未熔料粒、金属屑等异物（见图 2.20 和图 2.21）。将原料挤过总面积之和小于喷嘴截面积的小孔时，需要较高的压力。安装喷嘴过滤装置后，原料就必须经过小孔或槽过滤，防止浇口被异物堵塞。

清料盘置于喷嘴头和喷嘴之间，方便移除和清洗。由于原料通过小孔需要较高的压力，所以注射压力会有所增加

图2.20　清料盘

线性熔料过滤槽是为过滤功能而专门设计的。熔料进入料槽后，需翻入下一道料槽才能继续前流。翻越点便是过滤点。根据不同的过滤需求，可采购不同槽深的过滤器

图2.21　嵌入喷嘴的熔料过滤槽

请查阅"塑料加工设备"（www.ppe.com）产品样本中各种形式的过滤装置。

3 锁模单元

图 3.1 和图 3.2 显示了注塑机的两种锁模方式：液压直压锁模和曲臂锁模。两种方式对工艺产生的影响各不相同。需要牢记，无论是液压直锁或曲臂锁模机构，注塑过程中最薄弱的部分都在定模板上。原因是定模板上有个让定位圈和喷嘴通过的圆孔。

■ 3.1 液压直压锁模

液压直压锁模对模具的施力点在机台动模板中心（图 3.1）。由于作用力集中在中央部位，动模板外侧就相对较弱，因此对于外形尺寸接近或超出机台拉杆外侧的大型模具，需要对其受力状况进行校核。

液压直压机构的行程限位取决于油缸连杆的长度：模具尺寸越大，开模行程就越小。

液压直压注塑机的锁模力大小不受模温影响，但当模具达到生产温度时，它与模板的接触位置需要进行调整，这样才能按照设定的锁模力锁模。

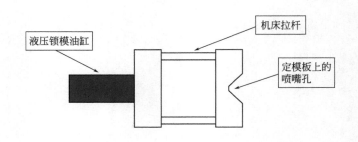

液压锁模油缸

机床拉杆

定模板上的喷嘴孔

图3.1 液压直压锁模机构

■ 3.2 曲臂锁模

　　曲臂注塑机利用机械结构的优势，采用较小的油缸，快速推压曲臂连杆的中部进行锁模。曲臂锁模与液压锁模的模具支撑方式不同（图3.2）。曲臂注塑机一般推压模板外沿，因此中心部位比较薄弱。

　　曲臂锁模机构的锁模力受温度影响很大。锁模力是由曲臂的预定位置决定的，当模具受热膨胀，注塑机上的位置会发生变化。温度降低，锁模力可能不足，而当温度上升，锁模力则可能过载。

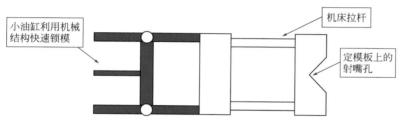

小油缸利用机械结构快速锁模

机床拉杆

定模板上的射嘴孔

图3.2　曲臂锁模机构

■ 3.3 低强度区域

　　无论是曲臂锁模系统还是液压锁模系统，机台上的低强度区域是定模板的中心。原因是定模板中心有个通孔，料筒和喷嘴通过该孔与主流道连接。这个通孔造成模板强度降低，而任何超出导柱范围的部分强度更低。

■ 3.4 无拉杆式注塑机

　　"无拉杆式注塑机"顾名思义，这种注塑机没有导向的拉杆，动模板通常支撑在起导向作用的直线导轨上。注塑机模板的强度较高，有利于模具的锁紧。但无拉杆式注塑机仅限于小吨位机台。由于没有拉杆形成阻碍，机台具有装夹较大尺寸模具的优点。

■ 3.5 单点校准

完成单点校准需要四只千分表（见图 3.3）。将千分表分别安装在注塑机的四根拉杆上。所有的千分表都应先校零。另外需要一个千分表安装架，这样千分表的测量便可以不受注塑机的影响。随后装夹模具，读取千分表读数（要注意千分表针旋转的圈数）。表的旋转圈数应相同，且读数均应在 0.002 ～ 0.003 in（0.05 ～ 0.08 mm）之间。这时，模具四个角便均匀锁紧了。

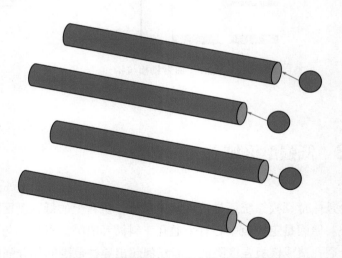

图3.3   单点校准中千分表在拉杆上的放置

千分表应装置在独立于注塑机的外部安装架上，这样才能获取比较真实的读数。如果千分表和注塑机连在一起，读数精度可能会受机台运动的影响。

当发现模具一角较易产生飞边，或发现模具一角已出现磨损时，应考虑进行本测试。当然可使用蓝丹或压力测试膜来检测是否存在潜在风险。

■　3.6　模板弯曲

当模具尺寸较小时，注塑机模板在模具周围有可能发生弯曲。锁模力是由拉杆产生的，当拉杆拉紧时，四个角的压力比中心大，模板由此会产生变形，而且曲臂设备和液压设备的变形有所区别（见图 3.4 和图 3.5）。降低锁模力有助于改善飞边问题，因为模板能保持平直而不发生弯曲，同时为模具提供良好的支撑。

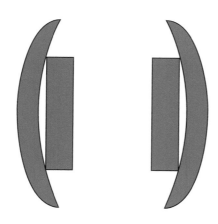

图3.4　模板弯曲（曲臂式注塑机）

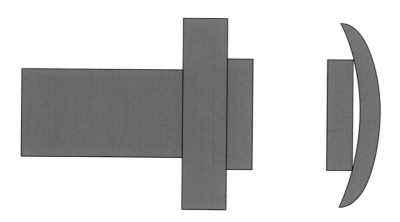

图3.5　模板弯曲（液压式注塑机）

■ 3.7 模具覆盖区域

模具装夹后必须覆盖拉杆间至少三分之二的区域，以减少装夹小模具可能发生的弯曲（见图3.6，参照注塑机生产厂家的推荐）。模具从注塑机取下后，如果发现模具和模板的接触面上有锈迹或产生剥落，就表明模板发生了弯曲。

如果模板发生翘曲变形，水汽就会进入模具和模板的间隙中而发生锈蚀。清洁模板务必使用油基喷剂。擦拭时，应保留一薄层油膜以防止生锈。

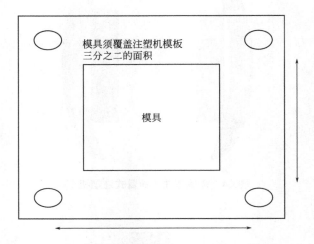

图3.6 模具在拉杆间的覆盖面积

■ 3.8 注塑机模板的清洁

注塑机模板在每次换模后都必须进行清洁和维护（见图3.7）。可使用油基喷剂如WD-40防锈，必要时可以使用刮板和油石。

必须去除模板上可能将模具顶起并影响定位的突出点。在架模前应检查模具上是否有锈迹，这样才能防止模具损坏和过早磨损。

图3.7　模板的清洁

■ 3.9　螺栓孔的维护保养

　　如果螺栓孔发生损伤必须立即修复，可用丝锥去除螺栓孔边上的毛刺，丝锥的直径大小和螺距必须正确。有些注塑机生产厂家使用的是英制螺纹，而另一些厂家则使用公制螺纹。必须弄清模板上螺栓孔的正确规格。

　　除此之外还应查看六角螺栓头部或螺栓沉头上是否有锋利的毛刺。螺栓和压板必须与模板锁紧。如果无法锁紧，螺栓或螺栓孔肯定有问题，必须加以消除。

■ 3.10　正确的螺栓位置

　　注意图3.8中螺栓位于压板的尾部，这样就损失了压板前端的锁紧力。这里有个支撑点选择的问题，螺栓应尽可能靠近模具以获得最大的锁紧力。螺母扭矩大小应根据规范而定，而不是凭个人的力量拧得越紧越好。螺栓的位置及对锁紧力的影响见图 3.9。

位置错误

螺栓应拧入靠近模具的螺栓孔，以获得更大的锁紧力。需注意压板不要与冷却水管发生干涉

图3.8 正确的螺栓位置可提供更大的锁紧力

压力施加在压板后端，减少了压板前端的锁紧力

图3.9 螺栓的位置及对锁紧力的影响

应确保压板尽可能处于水平位置（图 3.10）以获得最大的锁紧力或接触表面积。图 3.11 和图 3.12 的压板固定方式是错误的，接触面积减小，造成了锁紧力下降。

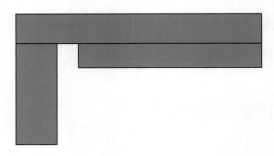

图3.10 水平位置的压板

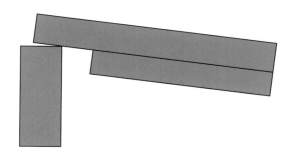

图3.11　压板翘头

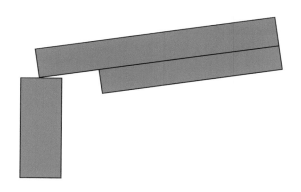

图3.12　压板翘尾

■ 3.11　模具重量的计算

　　模具重量的计算示意见图3.13，计算公式（长度单位：cm）如下：

$$模具重量=长度×宽度×高度×7.85$$

　　上述重量是按常用模具钢（H-13）来计算的。如果换成铝、不锈钢或铍铜结果可能有所不同。计算的根据是以 g/cm^3 或 lb/in^3 为单位的材料密度。公式是：长度 × 宽度 × 高度 × 模具钢的密度。当使用英制单位 lb/in^3 时，结果是磅（lb）；而使用 g/cm^3 的话，结果是克（g），除以1000就得到千克（kg）。部分模具材料的密度见表3.1。

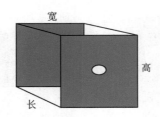

例如：长、宽、高分别为71.12 cm、63.5 cm、106.68 cm 的模具重量：
71.12 × 63.5 × 106.68 × 7.85 = 3781970.5(g)
3781970.5 /1000 = 3781.97(kg)

图3.13   以千克计算的模具重量

表3.1   部分模具材料的密度

金属种类	密度/（g/cm³）	密度/（lb/in³）
铝	2.80	0.101
铍铜（BeCu）	8.25	0.298
不锈钢	7.88	0.285
钢材（H-13）	7.85	0.280

■ 3.12   模具厚度

　　液压注塑机和曲臂注塑机的锁模厚度设定是不同的。装夹新模具前，需保证模具的"碰模"位置设定为零，这样在动模板闭合时才不会直接合到最小机械行程零位。否则，一旦检测到"碰模"位置，注塑机会以设定好的最大压力合模，从而造成模具或注塑机的损坏。

　　使用曲臂注塑机时，架模后应反复开合模具，以确认曲臂不会发生自锁。另一重要任务是利用产品和流道投影面积来计算并设定锁模力。注塑机吨位为 300t、400t 或 650t 并不代表真正的设定锁模力大小。吨位过大不仅会损坏模具，也会造成注塑机提前磨损。

■ 3.13   注塑机锁模力的计算

　　注塑机锁模力可用下式（见图 3.14）计算：

锁模力（lb）=锁模油缸截面积×油缸压强

其中：油缸截面积 $= D \times D \times 0.7854$（$D$ 为油缸直径）

锁模力（t）=锁模力（lb）÷ 2000

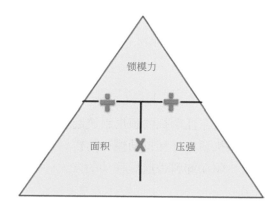

图3.14 帕斯卡等式

液压注塑机举例：

锁模油缸直径为 29 in，锁模压强为 1900 psi。

1. 锁模油缸截面积是多少？

2. 以磅为单位锁模力有多大？

3. 以吨为单位锁模力有多大？

锁模油缸截面积：$29 \times 29 \times 0.7854 = 660.52$（$in^2$）

锁模力：（面积 × 压强）$660.52 \times 1900 = 1254988$（lb）

锁模力：以磅为单位锁模力 ÷ $2000 = 627$（t）

曲臂注塑机举例：

假如有一台 500t 的注塑机，锁模压力为 2000 psi，

锁模压力 / 吨位 = 每吨相应的 psi

由此，$2000 \div 500 = 4$，故每 4 psi 相当于 1 t 锁模力。

4 顶出机构和人机界面

■ 4.1 顶出形式

产品从模具中取出时，注塑机的顶出系统起着重要作用。产品顶出的方式多种多样，有注塑机顶出杆穿过动模板与模具顶针相连的方式；也有模具上装置液压油缸，驱动卸料板前后移动的方式；还有随模具运动进行顶出的机械顶出结构。

■ 4.2 顶杆间距

图 4.1 和图 4.2 显示了 PIA 顶杆排布形式（PIA 即塑料工业联合会，原 SPI- 塑料工业协会）。图 4.3 和图 4.4 则是欧标顶杆排布形式。

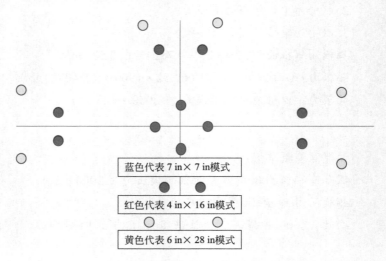

蓝色代表 7 in× 7 in模式

红色代表 4 in× 16 in模式

黄色代表 6 in× 28 in模式

图4.1　PIA顶杆间隔模式

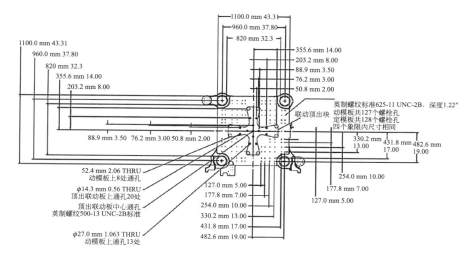

图4.2 450t MAXIMA注塑机PIA顶出杆和螺栓间隔模式

（尺寸以mm和in标注，经Miracron授权使用）

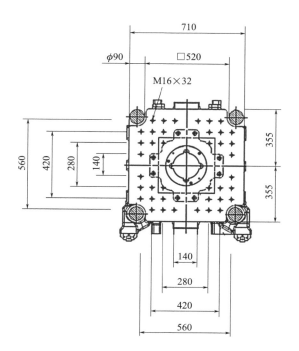

图4.3 欧制螺栓间隔模式（单位：mm）（经Miracron授权使用）

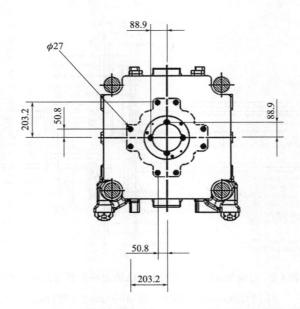

图4.4 欧制Ferromatik 160t顶出杆间隔模式（单位：mm）（经Miracron授权使用）

■ 4.3 控制系统

控制系统有两种类型：开环控制系统和闭环控制系统。控制系统整合并控制注塑机的所有功能，包括将液压油从油箱注入换向阀，推动油缸，或在注塑过程中使螺杆以固定速度推进。除了了解控制系统对位置、压力、速度和温度的监控原理，我们还应了解开环和闭环控制系统的工作原理以及在塑料加工过程中工艺对产品质量的巨大影响。

4.3.1 开环控制系统

开环控制系统可驱动液压阀工作但却不能为控制单元提供信息反馈。一旦在设备上设定了注射速度，设备便会开动液压系统工作，但它不能向控制系统反馈信号，以保持注射速度稳定。故此，实际速度常常会高于或低于设定速度。

4.3.2 闭环控制系统

闭环控制系统通过持续的反馈信号动态调节来维持设定值。热电偶会向控制系统提供温度反馈，控制系统再指示加热圈开启或关闭，以保持设定温度。线性传感器会向控制系统反馈螺杆速度信号，输入螺杆在一定时间内行进的距离，并调节液压阀，以保持设定的速度。所有新式注塑机都配有带信号反馈功能的闭环控制系统。

有些机种能够进行开环或闭环控制的切换。我们应该了解这两种控制方式的差别以及每种方式的优缺点。如果打算实施科学注塑法，则必须采用闭环系统提供最佳的信号反馈。

■ 4.4 键盘

注塑机上配有带通用符号的触摸式按键；我们只需熟悉上面的符号便可操作各种类型的机台。图 4.5 显示了一些常用的按键功能符号。

图4.5 注塑机上的主要按键功能符号
1—开模；2—合模；3—顶针退回；4—顶针推进；
5—射座推进；6—射座退回；7—螺杆推进；8—螺杆回退；9—螺杆旋转

5 注塑机性能测试

■ 5.1 料筒后部区段的温度优化

该测试旨在设立料筒后部区段的最佳温度。利用简单的 Excel 表格便可以找到实现最短塑化时间所需的最佳温度。用塑化时间建立图表，标明 X 轴和 Y 轴。如表 5.1 所示，可以看出达到 6.6 s 最短塑化时间的最佳温度为 480 ℉（249℃）。

首先，要确认注塑机进料口的冷却水供应以及料筒上的加热圈都工作正常。其次，检查料筒温度是否符合原料制造商的推荐值。

测试最好从低温开始逐渐升温。尽管需经过很长升温过程才能找到温度平衡点，为了减少塑化时间，缩短注塑周期，长远看这样做还是值得的。

例：表 5.1 先用料筒后部区段温度和塑化时间两组数据建立表格，然后绘制塑化时间图（图 5.1）。

表 5.1　优化料筒后部区段温度和塑化时间表

测试	料筒后部区段温度/（℉/℃）	塑化时间/s
#1	440/227	7.9
#2	450/232	7.5
#3	460/238	7.2
#4	470/243	6.8
#5	480/249	6.6
#6	490/254	6.8
#7	500/260	7.0
#8	510/266	7.3
#9	520/271	7.5
#10	530/277	7.7

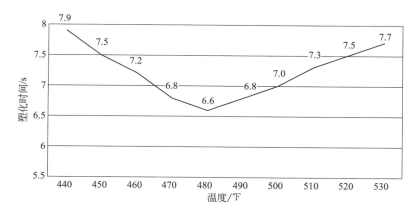

图5.1 料筒后部区塑化时间图

■ 5.2 载荷敏感度

载荷敏感度测试旨在检查注塑机对载荷的响应能力，或当熔料注射进入模具后注塑机是如何进行处理和补偿的。可以把载荷敏感度想象成定速巡航功能：假设汽车的平地速度是每小时 55 mile（88.5 km）（空射），开始爬坡（注射）后，车速仍应保持每小时 55 mile。该测试将填充时间和空射时间做了对比，同时也将模具填充切换压力和空射切换压力进行了比较。测试中需要有一个清料盘。

步骤如下：

（1）设定标准的 95% ~ 98% 满射产品工艺。

（2）从黏度曲线上选取最优注射速度。

（3）撤掉补缩／保压时间和压力（有的注塑机需要输入最小值才能正常工作）。

（4）注射一模产品并记录注射时间和切换压力（液压压力或者塑料压力）。

（5）后退注射单元，并在喷嘴定位圈上安装清料盘后，立即将注射单元复位（记住熔料滞留料筒的时间越长，熔料的黏度就越低）。重新标定塑机喷嘴的位置。

（6）设定半自动模式，然后开始注射，此时熔料必须从清料盘上的通道流过。此时应避免自动储料。因为一旦注塑机螺杆有开始旋转并储料的迹象，此时喷嘴前端已完全开放，缺乏阻力，可能会导致大量熔料流出。记录下填充时间和填充压力。

（7）在公式中输入注射时间和压力，计算结果见图5.2。

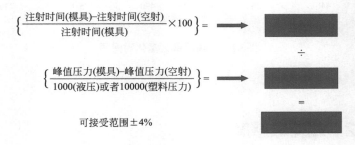

$$\left\{ \frac{注射时间(模具)-注射时间(空射)}{注射时间(模具)} \times 100 \right\} = \longrightarrow$$

$$\div$$

$$\left\{ \frac{峰值压力(模具)-峰值压力(空射)}{1000(液压)或者10000(塑料压力)} \right\} = \longrightarrow$$

$$=$$

可接受范围±4%

图5.2　载荷敏感度计算公式（RJG公司授权使用）

运用公式时，注意输入正确的压力数值。公式第二部分，如果记录的是液压压力，除以1000；如果是塑料压力，则除以10000。

清料盘必须是铝制的，安装在模具和注塑机喷嘴之间，这样在注射单元复位注射时就不会损伤喷嘴。在清料盘上加工与注塑机喷嘴匹配的1/2 in半径的半球形。如果注射机喷嘴的球头半径是3/4 in，加工的清料盘应与之匹配。

如图5.3所示，清料盘上的通道深度是0.5 in。只要空射时，通道不会阻碍熔料流动，通道可为任何深度。清料盘的通道表面要光滑，熔料才不会发生黏附。可在清料盘的背面加装磁铁，有助于清料盘在模具上安装与校准。

这里给出的清料盘直径是3.999 in。而大多数注射机定模板上定位圈孔直径是4.000 in，清料盘直径略小一些，就不会卡死在定位圈里。对于定位圈孔大的注射机，安装带有磁铁的清料盘比较方便。

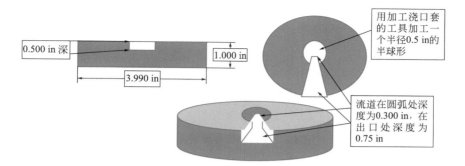

0.500 in深

1.000 in

3.990 in

用加工浇口套的工具加工一个半径0.5 in的半球形

流道在圆弧处深度为0.300 in，在出口处深度为0.75 in

图5.3 清料盘示意图

■ 5.3 压力响应

用压力响应（图 5.4）测试可确定机台切换到补缩阶段后压力达到稳定所需的时间。

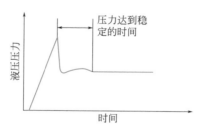

压力达到稳定的时间

液压压力

时间

图5.4 压力响应

该测试的另一重要意义是可以帮助判断何时压力会降到补缩压力设定值以下。压力一旦低于设定值，料锋可能会产生滞流并开始冻结（见图 5.5），这将导致工艺波动并带来产品尺寸和外观的缺陷。

如果压力下降（见图 5.6）到补缩压力设定值以下，那么可采用分段保压法，在补缩开始的首段零点几秒内，将压力设定得略高一些。这样压力从切换点下降后就能稳定在补缩压力设定值附近。

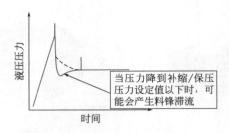

图5.5　压力降低导致料锋滞流

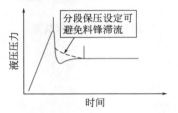

图5.6　压力降

假设切换压力是 1850 psi，补缩压力是 800 psi。为了避免产生压力下降或者螺杆跳动的现象，可以增加 1200 ～ 1400 psi 的补缩压力，时长 0.2 s。这将有助于压力从切换点平稳下降到设定的补缩压力水平。

通过试验可以得到的时间和压力的正确组合，这样的组合能够解决前面提到的滞料问题。

■ 5.4　动态止逆阀测试（填充阶段）

（1）设定标准的 95% ～ 98% 满射产品工艺。

（2）撤掉补缩 / 保压的时间和压力。

（3）增加冷却时间以补偿注射周期的变化。

（4）注射 10 模次，称重并记录产品和流道的重量。

（5）计算重量变化百分比。

由于该测试是通过仅填充[❶] 时注射重量的变化来判断止逆阀处于工作

---

❶　仅填充（Fill only）是关闭保压，将产品填充至95%~98%的一种填充阶段。——译者注

或关闭状态，故流道和产品需要一起称重。可接受的变化百分比在 3% 之
内。如果大于 3%，则需要增加注射机后松退，重做该测试。增加后松退
可以使止逆阀有更多的空间正确关闭。

$$\frac{最大射重 - 最小射重}{平均射重} \times 100 = 重量变化百分比$$

可接受范围 ≤ 3%。

例：

如果最大射重 110.45 g，最小射重 109.21 g，平均射重为 110.01 g
计算公式如下：
110.45 − 109.21 = 1.24
那么，1.24 ÷ 110.01 = 0.01127 = 1.13% →可以接受
但是如果模次与模次之间重量有更大的变动，如以下这样：
111.25 − 106.24 = 5.01
那么，5.01 ÷ 110.01 = 0.0455 = 4.55% →不可接受

如果注射重量有很大变化，可以断定止逆阀在动态阶段或者说在填充
阶段无法正常工作。

图 5.7 说明了表格的绘制方法。

注射模次	注塑机1号 模次重量/g	
1	241.89	
2	242.05	最大射重
3	242.78	243.29 g
4	240.86	
5	242.07	最小射重
6	243.29	240.86 g
7	242.81	
8	243.25	平均射重
9	241.42	242.279 g
10	242.37	
	实际测试结果	注塑机1号 1.0030%

图5.7 动态止逆阀测试的数据

5.5 静态止逆阀测试（补缩和保压阶段）

（1）设定 95% ～ 98% 满射产品工艺。

（2）在浇口封闭时间上增加 10 s，作为补缩 / 保压的设定时间。

（3）相应调整螺杆转速。

（4）输入连续 5 模次料垫位置（料垫位置应为熔料量的 5% ～ 10%）。

在浇口封闭的时间上增加 10 s 作为保压的设定时间，目的是为了可靠而有效地验证止逆阀在补缩和保压阶段能否正常封闭。

$$\frac{最大料垫 - 最小料垫}{平均料垫} \times 100 = 变化百分比$$

可接受范围≤ 3%。

从图 5.8 可以看到，静态止逆阀测试得出的变化值只有 1.64%。

模次 1	0.61
模次 2	0.61
模次 3	0.61
模次 4	0.61
模次 5	0.6

5模次料垫相加=

| 总料垫 | 3.04 |
| 平均料垫 | 0.608 |

总料垫/5=

最大料垫	0.61
最小料垫	0.6
料垫差	0.01

最大料垫−最小料垫=

(料垫差/平均料垫)×100=

| 料垫变化百分比 | 1.64% |

可接受范围≤3%

图5.8   静态止逆阀测试数据

总料垫：将第一模次到第五模次的料垫值相加，得到总料垫

平均料垫：用总料垫除以 5

最大料垫：5 模次中的最大料垫

最小料垫：5 模次中的最小料垫

料垫差：最大料垫减去最小料垫

料垫变化百分比：料垫差除以平均料垫

■ 5.6 注射速度线性测试

注意：所有信息都可从相对黏度测试中获得。

（1）设定标准的 95% ～ 98% 满射产品工艺。

（2）撤掉补缩／保压的时间和压力（有些注塑机需要输入最小值才能正常工作）。

（3）增加冷却时间，以补偿注塑周期的变化。

（4）设定最长注射时间，以保证测试中实际注射时间不会受限。

（5）设定最大注射速度，调整切换位置，让产品目视达到 98% 满射。

（6）线性行程（LS）的计算：LS=（塑化位置＋后松退距离）－切换位置。根据需要增加后松退距离，以提高测试的准确性。

（7）记录设定注射速度及相对应的实际注射时间。

（8）计算实际注射速度（线性行程／实际注射时间）。计算设定注射速度和实际注射速度的差异百分比。

$$\frac{实际注射速度 - 设定注射速度}{设定注射速度} \times 100 = 差异百分比$$

可接受范围＜ 5%（短期内可接受最大 10%）。

注射速度线性度测试见图 5.9。

测试序号	填充时间/s	设定注射速度/(in/s)	实际注射速度/(in/s)	差异百分比/%
1	6.50	0.300	0.231	−23.08
2	3.60	0.900	0.417	−53.70
3	2.40	1.500	0.625	−58.33
4	1.60	2.100	0.938	−55.36
5	1.10	2.700	1.364	−49.49
6	0.85	3.300	1.765	−46.52
7	0.70	3.900	2.143	−45.05
8	0.55	4.500	2.727	−39.39
9	0.40	5.100	3.750	−26.47
10	0.35	5.700	4.286	−24.81

螺杆位置	
进料	1.8
切换	0.5
松退	0.2
实际行程	1.5

平均差异百分比
−42.22%

图5.9

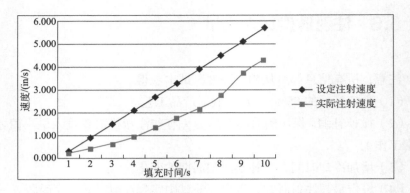

图5.9   注射速度线性度测试（RJG公司授权使用）

显而易见，这台设备无法满足设定注射速度的要求。

例：

线性行程 =（进料量 / 注射量 + 后松退）- 切换位置

实际注射速度 = 实际线性行程 / 实际填充时间

$$\frac{实际注射速度 - 设定注射速度}{设定注射速度} \times 100 = 差异百分比$$

以图 5.9 表中测试序号 10 为例：

线性行程 = 1.8 + 0.2 - 0.5 = 1.5（in）

实际注射速度 = 1.5/0.35 = 4.286（in/s）

差异百分比 =（4.286 - 5.7）/5.7 = -24.81%

注塑机性能测试的相关表格可以从以下链接下载：

http://files.hanser.de/fachbuch/9781569906866_Workbook.zip.

6 工艺开发测试

工艺开发测试的目的是尽可能地优化工艺，同时确定每种工艺条件对产品质量的影响。通过这些优化措施，还可以确定围绕工艺条件中值的上下波动范围。

■ 6.1 锁模力和投影面积的计算

产品的投影面积对注射成型工艺非常重要，原因是投影面积会影响锁模吨位的大小。为了抵抗注射压力，保持模具闭合，需要一定的外力。如果计算不当，就会出现胀模、分型面损伤和型腔翻边等故障，甚至造成模具损坏。

投影面积及计算见图 6.1～图 6.4。

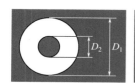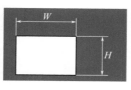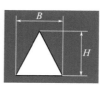

图6.1 基础几何形状的面积

圆形	$A = D \times D \times 0.7854$或$\pi R^2$
梯形的面积	$A = H \times [(W_1 + W_2)/2]$
矩形的面积	$A = W \times H$
三角形面积	$A = (B \times H)/2$

图6.2 基础几何形状的面积计算公式

例：

图 6.3 中，有个中间带孔的圆形垫片。先计算出大圆面积，然后减去小圆面积，便得到了投影面积。

大圆面积的计算：

πR^2（$\pi = 3.14$，R 为半径）

$R = 4.5/2 = 2.25$，于是 $3.14 \times (2.25 \times 2.25) = 3.14 \times 5.063 = 15.90$（$cm^2$）

小圆面积的计算：

$\pi R^2 = 3.14 \times (0.5 \times 0.5) = 3.14 \times 0.25 = 0.785$（$cm^2$）

圆环形面积 $= 15.90 - 0.785 = 15.115$（cm^2）

大小圆形的直径分别为4.5 cm和1.0 cm

图6.3 圆环形面积

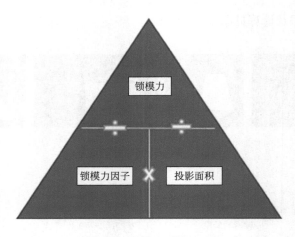

图6.4 锁模力计算公式

在得知投影面积后，计算锁模力还需要成型期间型腔压强（锁模力因子），此数据随着材料和产品结构的不同会有所不同，一些经验数据见表6.1。

表6.1 常见材料锁模力因子

材料	锁模力因子 / (kgf/cm²)	材料	锁模力因子 / (kgf/cm²)
ABS	390~540	PC	620~780
PC/ABS	470~620	PE	390~540
POM	470~620	PEEK	620~780
PMMA	470~620	PEI	470~620
EVA	310~470	PES	470~620
HDPE	390~540	PPO	470~620
LDPE	310~470	PPS	540~700
PA（含玻纤）	620~780	PPA	540~700
PA（不含玻纤）	470~620	PP	390~540
PBT	470~620	PS	310~390
PSU	620~780	PUR	390~540
PVC	390~540	TPE	390~540

注：1 kgf/cm² ≈ 0.1 MPa。

例：

假设以上圆环产品为一模4腔，成型材料为 ABS，产品流道投影面积为 15 cm²。

那么产品所需锁模力 $F = P \times A$，压强取推荐的中间值 460 kgf/cm²。

此时，（ 15.115 × 4 + 15 ）× 460 = 34711 （ kgf ）

通常在此基础上，多加 20% 的保险系数，因此有 34711 × 1.2 = 41653 （ kgf ）

41653 ÷ 1000 ≈ 42 （ t ）

注：

1. 为了进行估算，在大多数情况下，平均压强可以取 450 kgf/cm²，当然实际情况要复杂很多，模流分析可提供更为准确的数据。

2. kgf 并非标准力学单位，而是在重力单位制下行业内习惯使用的一种力的单位 1 kgf = 9.80665 N。

■ 6.2　黏度曲线及填充时间分析

　　建立黏度曲线的目的是为了分析注射速度和压力对塑料熔流黏度的影响。最优注射速度的选择范围应为注射速度和压力对熔体黏度影响最小的区域。在产品质量允许的前提下，注射速度越快越好。

　　得到的最佳注射速度能减轻生产过程中因注塑要素波动对工艺造成的影响，比如，材料特性波动或黏度变化。黏度曲线是如何生成的呢？

　　选一台注塑机和一套模具，先运行一个预备工艺（打满产品但不过饱）。这能让模具充分预热，料筒里的原料黏度也达到稳定状态。

　　接着以最快的速度开始注射，调整注射量和切换位置让产品达到95%～98%满射状态。让机台稳定地注射2～3模次，然后记录填充时间和注射压力。然后切换到下一注射速度（由快而慢）。

■ 6.3　建立黏度曲线

　　使用推荐公式参照表6.2构建表单。

　　A14到A26为选定注射速度的输入值。

　　B14到B26为注射单元增强比的输入值。

　　C14到C26，D14到D26，E14到E26为切换时的注射压力峰值。

　　F14的公式：=AVERAGE（C14：E14），取三个填充压力值的平均值。这个公式也适用于F15=AVERAGE（C15：E15），以此类推，一直到F26。

　　G14到G26，H14到H26，I14到I26为切换点的注射时间输入值。

　　J14的公式：=AVERAGE（G14：I14），取三个填充速度值的平均值。该公式同样适用于J15=AVERAGE（G15：I15），以此类推直到J26。

　　K14为剪切率公式=1/J14，K15为=1/J15，以此类推直到K26。

　　L14为相对黏度公式=B14*F14*J14，L15=B15*F15*J15，以此类推直到L26。

　　有了剪切率和相对黏度就可绘制黏度曲线了。根据黏度曲线，便可确定最佳注射速度。挑选曲线最平缓的部分，参照图6.5建立工艺窗口。两个黑色箭头标明了工艺窗口，而红色箭头则代表了最佳注射速度。

表 6.2　黏度计算表

行＼列	A 注射速度 /（in/s）	B 增强比	C 液压压力峰值 （样品1）	D 液压压力峰值 （样品2）	E 液压压力峰值 （样品3）	F 液压压力峰值 （平均值）	G 填充时间 （样品1）	H 填充时间 （样品2）	I 填充时间 （样品3）	J 填充时间 （平均值）	K 剪切率 /s⁻¹	L 相对黏度
14	0.5	10.00	725	725	739	730	5.25	5.24	5.25	5.25	0.19	38283
15	1.0	10.00	797	797	797	797	3.45	3.44	3.45	3.45	0.29	27470
16	1.5	10.00	870	870	870	870	1.46	1.45	1.45	1.45	0.69	12644
17	2.0	10.00	928	928	928	928	0.88	0.88	0.88	0.88	1.14	8166
18	2.5	10.00	986	971	971	976	0.76	0.76	0.76	0.76	1.32	7418
19	3.0	10.00	1029	1029	1029	1029	0.68	0.68	0.68	0.68	1.47	6997
20	3.5	10.00	1073	1058	1058	1063	0.61	0.61	0.61	0.61	1.64	6484
21	4.0	10.00	1087	1087	1102	1092	0.56	0.56	0.56	0.56	1.79	6115
22	4.5	10.00	1131	1131	1131	1131	0.52	0.52	0.52	0.52	1.92	5881
23	5.0	10.00	1174	1145	1145	1155	0.48	0.48	0.48	0.48	2.08	5542
24	5.5	10.00	1189	1174	1189	1184	0.45	0.45	0.45	0.45	2.22	5328
25	6.0	10.00	1203	1203	1218	1208	0.43	0.43	0.43	0.43	2.33	5194
26	6.5	10.00	1218	1247	1247	1237	0.41	0.41	0.41	0.41	2.44	5073

从黏度曲线或流变学曲线上分析材料的剪切稀释（非牛顿）特性，在曲线最平缓处建立工艺窗口（图 6.5）。这样可保证在工艺窗口内即使注射速度发生变化，即工艺过程加快或减慢，材料黏度变化带来的影响也均可忽略不计。红色箭头所指为工艺窗口中线。

应避免在黏度曲线末端区域设立工艺窗口（因为采用了最大注射速度，就完全失去了调整空间），也不建议在曲线即将上升的区域设立工艺窗口（低速区间，注射速度对材料的剪切稀释特性会产生较大影响）。

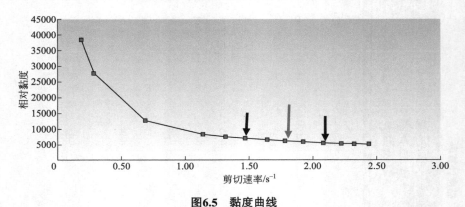

图6.5　黏度曲线

图 6.6 说明尽管我们可以不断提高填充速度，但最终的速度还是由产品质量决定。

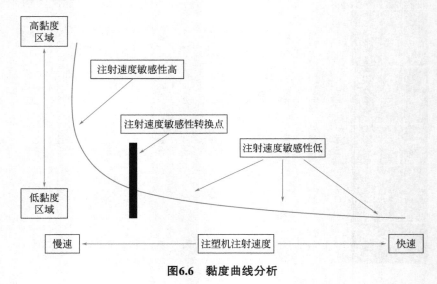

图6.6　黏度曲线分析

　　有些材料不可使用高注射速度填充，而必须使用低注射速度或接近注射速度敏感性转换点附近的速度填充（比如 PC、PVC）。

　　换个角度来看黏度曲线：它提供了管理工艺窗口内的速度变化的方法，以及选择黏度变化最小区域的途径（图 6.7）。

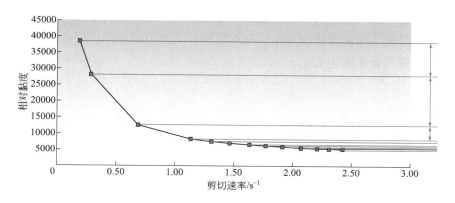

图6.7　黏度曲线的分区

■ 6.4　最低压力曲线

　　最低压力曲线（图 6.8）可通过采集切换压力值来建立，目的是为了找到能够填满型腔并保持适当剪切速率的最低压力值。在进行黏度测试时，最早和最晚注入型腔的熔料通常都需要较大的压力。该图显示了正常的剪切速率下，最低切换压力点在哪里。压力越小，机台工作越轻松，磨损也越少。

曲线的底部是最佳点。这里为填充满型腔所需的最低压力点

图6.8　最低压力曲线

■ 6.5 熔体流动速率

熔料流入模具的速率或速度可以用 Q_p 来表示，或称熔体流动速率。它通常以 cm³/s 或 in³/s 来度量。

当熔料流入型腔时，其流速的快慢取决于产品的几何形状，也就是取决于料锋流入时的截面积大小。应尽可能扩大流道截面积，保持产品壁厚一致，避免流速发生变化。

■ 6.6 剪切速率

熔料流过浇注系统时将根据需要对总进料量 Q 进行分配。

Q_{total} 为熔料在填充时间内注射的总体积，即喷嘴射出的总进料量（特定时间段内射出的料量），它与进胶口的进料量一致。当原料流入不同层级的流道时，会进行分流。如图 6.9 的例子中，总料量从进胶口进入主流

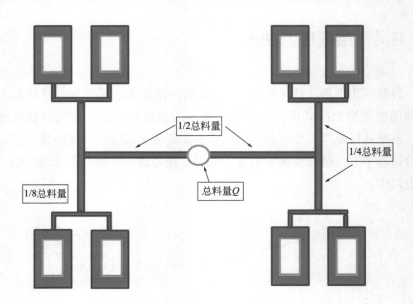

图6.9　各级流道的进料量

道时一分为二，进入二级流道时再二分为四。当通过最后一级流道进入浇口时则分成了八份。

让我们借助表格建立浇注系统中不同阶段的剪切速率。

练习

已知条件：

模具：一模 8 型腔，每个产品 1 个浇口

材料：ABS

总料量：11.51 cm³

注射时间范围：0.1 ～ 2.1 s，每 0.5 s 分一挡

浇口直径：0.1 cm

填充时间、总料量、浇口料量和剪切速率关系见表 6.3。

表6.3　填充时间、总料量（Q_{total}）、浇口料量（Q_{gate}）和剪切速率关系

填充时间/s	Q_{total}/（cm³/s）	Q_{gate}/（cm³/s）	剪切速率/s⁻¹
0.1	115.1	14.39	146650
0.6	19.18	2.4	24459
1.1	10.46	1.31	13350
1.6	7.19	0.9	9172
2.1	5.48	0.68	6930

进行填充时间为 0.1s 的计算：

总料量：取 11.51（总体积）除以 0.1 s（填充时间），得到 115.1 cm³/s；这是通过进胶口的料量。

浇口料量：用 115.1 cm³/s 除以 8（有 8 个浇口），便得到通过每一个浇口的料量为 14.39c m³/s。

通过圆形通道的材料剪切速率见图 6.10。

剪切速率　　$\dot{\gamma} = \dfrac{4Q}{\pi r^3}$

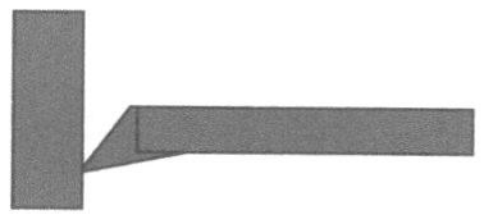

Q = 流动速率 = 螺杆截面积×线性冲程/填充时间

图6.10　通过圆形通道的材料剪切速率

Q 为单位时间通过浇口的料量。

R（浇口直径的一半）= 0.1/2 = 0.05 cm，因此 $R^3 = 0.05^3 = 0.000125$

剪切速率为：$\dfrac{4 \times 14.39}{3.14 \times 0.000125} = \dfrac{57.56}{0.0003925} = 146650\,(\text{s}^{-1})$

至此我们对熔料通过浇口时的剪切速率大小计算方法有了了解。如果想知道剪切速率背后的含义，可以查阅表6.4。可以看到，当 ABS 分子链的剪切速率达到 50000 s^{-1} 时就开始折断。这里还应考虑材料中是否有容易降解的添加剂。添加剂的分子链比聚合物的分子链短，因此比较容易降解。

填充时间为 0.1 s 时所对应的剪切速率为 146650 s^{-1}，而 ABS 能承受的剪切速率为 50000 s^{-1}，因此上述材料通过浇口时的剪切速率显然过高，材料的分子链会被破坏，造成降解。填充时间为 0.6 s 时，剪切速率只有 24459 s^{-1}，在可接受的范围内。

图 6.11 显示了通过长方形流道的材料的剪切速率计算公式。双型腔产品的典型流道布置见图 6.12。

图6.11 通过长方形流道的材料剪切速率计算公式

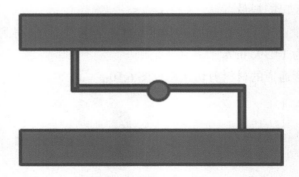

图6.12 双型腔产品的典型流道布置

已知条件：

模具一模 2 型腔，每件产品 1 个浇口

材料：ABS

总体积：0.3942 in^3

注射时间：0.32 s

浇口宽度：0.080 in

浇口厚度：0.040 in

计算剪切速率：

$$\frac{6Q}{wt^2} = \frac{6 \times \left[\left(0.3942/0.32 \right)/2 \right]}{0.080 \times \left(0.040 \times 0.040 \right)} = \frac{6 \times 0.616}{0.080 \times 0.016} = \frac{3.696}{0.000128} = 28875 \left(s^{-1} \right)$$

剪切速率模拟分析结果见表 6.4。

表 6.4　剪切速率模拟分析结果

原料种类	描述	极限剪切力		极限剪切速率/s^{-1}
		psi	MPa	
ABS	丙烯腈-丁二烯-苯乙烯	43.5	0.3	50000
GPPS	苯乙烯（通用型）	36.3	0.25	40000
HIPS	高抗冲击聚苯乙烯	43.5	0.3	40000
LDPE	低密度聚乙烯	14.5	0.1	40000
HDPE	高密度聚乙烯	29	0.2	40000
PA66	尼龙66	72.5	0.5	60000
PBT	聚对苯二甲酸丁二醇酯	58	0.4	50000
PC	聚碳酸酯	72.5	0.5	40000
PET	聚对苯二甲酸	72.5	0.5	未知
PMMA	聚甲基丙烯酸甲酯（亚克力）	58	0.4	40000
PP	聚丙烯	36.3	0.25	100000
PVC	聚氯乙烯	21.8	0.15	20000
SAN	苯乙烯-丙烯腈	43.5	0.3	40000
PSU	聚砜	72.5	0.5	50000

■ 6.7 浇口冻结、浇口封闭和浇口稳定

浇口封闭或浇口冻结测试是为了确定浇口封闭或冻结前可以补缩的熔料量。图表中的数值可通过称取注射重量获得：在表中加一列单件产品重量。该重量可由注射重量除以型腔数 32 得到（图 6.17），然后建立表单。

为了能获得尺寸稳定的产品，要尽量获取浇口完全封闭的时间，即产品重量无法继续增加的时间。但这也有例外。补缩真的要持续到浇口完全封闭后结束吗？要知道，补缩率在浇口处和填充末端是不一样的，离浇口越远的熔料冻结越快。如果产品尺寸在浇口端有偏上限的趋势，那么在浇口封闭前停止补缩可能更加有利，因为持续补缩的地方尺寸会继续增大。

热喷嘴的设计要求是保持塑料在喷嘴处的温度，以便顺利进行下一模次注射。即使浇口需要封闭，保温要求依然存在。型腔中的塑料就像弹簧，型腔压力会将熔料挤压在型腔壁上，一旦压力撤销，它就会立刻回弹。

阀式浇口对塑料封闭有积极作用。阀针向前封闭浇口，有利于改善浇口处的外观质量，同时也能防止塑料回流，因此一般配有阀式浇口的模具成型周期比较短。

无论是冷流道还是热流道模具，或者是带阀式浇口的模具，进行此项试验的主要目的，都是要找到塑料无法继续补缩或产品重量不再增加的时间点。

对于冷流道模具，制表时不需要流道称重。当然，为了找到产品重量不再增加，而流道重量仍可能继续增加的时间点，流道称重就十分必要。这说明了流道大小不会影响浇口封闭时间。当产品重量不再增加而流道重量也停止增加时，流道尺寸就设计小了，偏小的流道对浇口封闭会产生不利影响。

- 所有测试中成型周期应保持一致。
- 冷却时间应根据保压时间的变化而变化。当补缩时间增加时，冷却时间应该相应减少。

完成所有试验后，绘制图形。当产品重量或注射重量曲线趋于水平

时，就表示浇口已经封闭，见图 6.13。

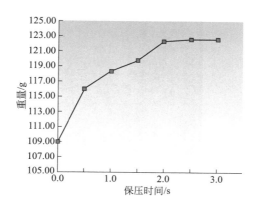

图6.13 浇口冻结、封闭及稳定

选项：用千分表测量并记录分型面和模架的变形量。

目的：确定每个周期里补缩和保压阶段模具和机床定模板的变形量。

工具：两只带磁性底座的千分表。

说明：把一只千分表安置在注射单元的背面，用来测量注射单元的位移量（图 6.14）。当模具内部压力过大时会被撑开，将注射单元后推。

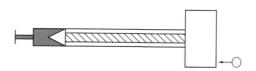

图6.14 千分表在注射单元上的放置位置

可在分型面上安置一只千分表，用来测量模具的"胀模"状况。模具闭合开始注射塑料前，将千分表校零，记录注射过程中最大的位移量，见图 6.15。最大的位移应该发生在补缩阶段，这时熔料内部压力趋于克服锁模力推开两块模板。

从另一个角度看一下浇口封闭曲线：可以在工艺范围内对射重变动进行管理，也就是在曲线上找出保压时间对注射重量影响最小的区段，见图 6.16。注射重量和浇口稳定所需的保压时间见图 6.17。

图6.15 分型面上放置千分表测量位移

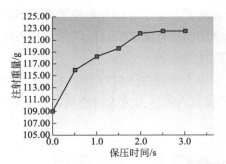

图6.16 注射重量与保压时间的变化关系

保压 时间	注射重量 (n=32)	单件 产品重量
0.0	109.10	3.409375
0.50	115.90	3.621875
1.00	118.30	3.696875
1.50	119.60	3.7375
2.00	120.60	3.76875
2.50	121.50	3.796875
3.00	122.20	3.81875
4.00	122.50	3.828125
5.00	122.50	3.828125
6.00	122.50	3.828125

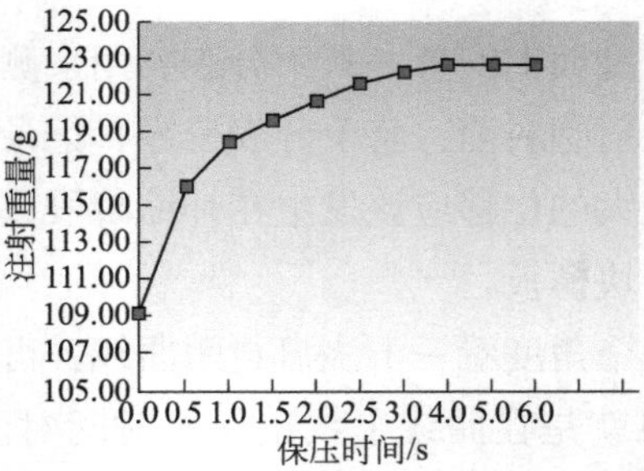

图6.17 注射重量和浇口稳定所需的保压时间

建立图表很简单，只要画出重量和时间的关系，就能显示产品重量随着补缩和保压时间的延长而增加的趋势。

还需要关注的一点是如何确定补缩时间间隔。对于壁厚小于 0.04 in 的薄壁件来说，间隔选用 0.1 s；中等壁厚（0.125 ～ 0.15 in）选用 0.5 s 间隔；而壁厚大于 0.15 in 的厚壁件则选用 1 s 作为间隔。

■ 6.8　流道重量分析

流道重量分析要与浇口冻结（或称浇口封闭）测试一并进行。该试验可验证型腔补缩完成前流道是否已经冻结。如果型腔填满之前（以重量计算）流道已经冻结，很可能发生补缩不足的现象，补缩不足不仅会对塑料件的收缩产生影响，也会对冷却速度产生影响。

■ 6.9　浇口封闭时间的确定

对于厚壁件来说，在该项试验开始前首先进行时间区间确定，即以 5 s 为增量，从 5 s 起步先增加到 10 s，分别检查产品重量是否增加。如果没有增加，则浇口在 5 s 和 10 s 之间发生了冻结。如果有所增加，就延长到 15 s。如果重量没有增加，则浇口已在 10 s 和 15 s 之间发生了冻结，但如果重量有所增加，则延长到 20 s，以此类推。这是找出浇口冻结时间最省时的方法。

■ 6.10　多型腔平衡性分析

多型腔平衡图表是建立在对"平均平衡性"列数据分析的基础上的，而填充平衡图则是建立在对"平均重量"列数据分析的基础上的（见图 6.18 和图 6.19）。Excel 表单中的公式如下：

多型腔平衡性试验		

产品名称		零件编号	
工单号		模具编号	
项目名称		型腔数	16
机台号			

型腔号	平均产品重量/g	填充次序	不平衡度%	产品重量/g			平均重量基础上的填充分析
				第1模	第2模	第3模	
1	4.900	8	2%	4.90	4.91	4.89	−0.9%
2	4.900	8	2%	4.80	4.90	5.00	−0.9%
3	4.910	4	2%	4.90	4.93	4.90	−1.1%
4	4.933	3	1%	5.00	4.90	4.90	−1.6%
5	4.800	11	4%	4.80	4.80	4.80	1.1%
6	4.800	11	4%	4.80	4.80	4.80	1.1%
7	4.800	11	4%	4.80	4.80	4.80	1.1%
8	5.000	1	0%	5.00	5.00	5.00	−3.0%
9	4.900	5	2%	4.90	4.90	4.90	−0.9%
10	4.900	5	2%	4.90	4.90	4.90	−0.9%
11	4.900	5	2%	4.90	4.90	4.90	−0.9%
12	4.767	14	5%	4.80	4.80	4.70	1.8%
13	4.733	15	5%	4.70	4.80	4.70	2.5%
14	4.967	2	1%	5.00	5.00	4.90	−2.3%
15	4.600	16	8%	4.50	4.50	4.40	5.2%
16	4.867	10	3%	4.80	4.90	4.90	−0.2%

	第1模	第2模	第3模
最重产品=	5.00	5.00	5.00
最轻产品=	4.70	4.50	4.40
重量差异=	0.3	0.5	0.6
平均重量=	4.869	4.859	4.837
标准偏差=	0.085	0.113	0.141

最不平衡型腔=	15
最大不平衡度=	8%
平均不平衡度=	3%
第1模至第3模差异缩小%=	−100%

1	试用工艺必须平衡：模具、熔料温度以及压力必须稳定
2	要注意模具的短射能力
3	调整工艺制作一模有一个短射或接近短射的产品，开始采集样本
4	分别采集3模样本，称重并记录重量，计算平均值
5	评估3模样本重量差异是否有显著缩小趋势：如果缩小超过10%就采用其中1模样本
6	调整回正常工艺

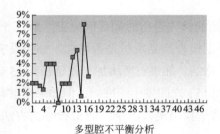

多型腔不平衡分析

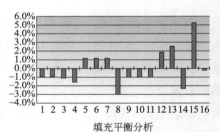

填充平衡分析

图6.18 16腔模具的多型腔平衡性试验

平均产品重量（g）= AVERAGE（G12：I12）

填充次序 = RANK（B12，B12：B19）

不平衡度 = ［MAX（B\$12：B\$59）− B12］/ MAX（B\$12：B\$59）

由平均重量而来的填充分析 = ［（K12 − B12）/K12］

最不平衡型腔 = MAX（D12：D15）

平均不平衡度 = AVERAGE（D12：D15）

1 ～ 3 模区间缩小百分比 =（G62 － I62）/G62

平均 = AVERAGE（B12：B15）

最大 = MAX（G12：G15）

最小 = MIN（G12：G15）

区间 = G60 ～ G61

平均 = AVERAGE（G12：G15）

标准比例（Pop std）：=STDEVP（G12：G15）

多型腔平衡性试验									
产品名称				零件编号					
工单号				模具编号					
项目名称				型腔数	8				
机台号									

型腔号	平均产品重量/g	填充次序	不平衡度%		产品重量/g			平均重量基础上的填充分析	
					第1模	第2模	第3模		
1	4.900	8	2%	0	4.90	4.91	4.89	4.9	0.0%
2								4.9	
3								4.9	
4								4.9	
5								4.9	
6								4.9	
7								4.9	
8								4.9	
	4.900	=平均			最重产品=	4.90	4.90	4.90	
					最轻产品=	4.90	4.90	4.90	
	最不平衡型腔=	1			重量差异=	0	0	0	
	最大不平衡度=	0%			平均重量=	4.900	4.900	4.900	
	平均不平衡度=	0%			标准偏差=	0.000	0.000	0.000	
	第1模至第3模差异缩小%=								

图6.19 8腔模具的多型腔平衡性试验

图 6.18 描述了 Excel 表单及其公式的使用方法。这将便于展现型腔的平衡、填充顺序以及平均重量的平衡状况。

■ 6.11 冷却优化分析

进行模具冷却优化分析的目的是了解塑料温度对产品顶出的影响。测试的思路是逐渐减少冷却时间直到产品开始变形为止。

热变形温度（HDT）测试是在实验室里进行的，测试结果大都可在材料的特性表里找到（参见表 6.5）。该测试的方法是对塑料加热和加载，找到塑料开始变形的数值。经常使用的压力值有两个：0.46 MPa 或 66 psi 以及 1.8 MPa 或 264 psi。该测试一般用无特殊几何特征的测试样条来完成，材料特性表给出的 HDT 数值通常是一个范围。

表 6.5   常用树脂的典型热变形温度（HDT）

原料	热变形温度/℃	热变形温度/℉
ABS	98.00	208
ABS+30%玻纤	148.0	298
POM	159.00	318
POM+30%玻纤	195.0	383
PMMA	96.00	204
PA6	161.00	321
PA6+30%玻纤	220.0	298
PA66	150.00	302
PBT	120.0	248
PC	141.00	285
PE	86.00	186
PET	70.0	158
PP	93.00	200
PP+30%玻纤	165.0	329
PS	96.00	204
PPS	190.00	374
TPE	60.0	140

该测试应该在工艺设立初期进行，当然也可以在量产模具上进行。需要清楚了解塑料件脱模时温度越高，收缩就越大。

在模具开发初期，型腔通常都不会一次加工到最终尺寸（俗称留铁），因此，全面了解材料的收缩率对实现尺寸公差至关重要。

一旦产品的测量结果给出了明确的材料收缩率，模具型腔的尺寸就可以完全加工到准确的数值了。

　　要注意：在原材料里添加的任何填料，无论是玻璃纤维、玻璃珠、炭粉还是滑石粉，都会提高热变形温度值，这是因为填料不易熔化，会一直保留着固体形态。

■ 6.12　压力损失分析

　　谈到压力损失，先研究一下压力损失发生在哪些地方。先从螺杆前端的熔料压力算起，此处的压力是由注塑机液压系统初始设定值和增强比决定的，也就是螺杆前端压力。如果螺杆前端压力为 20000 ppsi（原文 ppsi指的是熔料压力），熔料通过止逆阀、喷嘴主体、喷嘴头、流道或热流道分流板，最后进入型腔，这里的每一步都存在压力损失。

　　图 6.20 是一个典型例子。

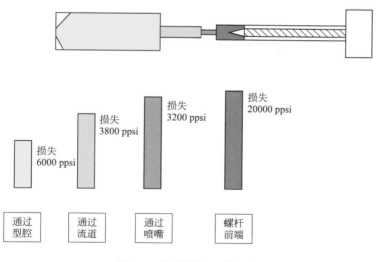

图6.20　各阶段的压力损失

（注：ppsi指的是熔料压力）

　　螺杆前端的最初压力为 20000 ppsi，看看最后压力是如何损失的：

- 经过喷嘴的压损：3200 ppsi，剩余压力 16800 ppsi
- 经过流道的压损：3800 ppsi，剩余压力 13000 ppsi
- 经过型腔的压损：6000 ppsi，剩余压力 7000 ppsi

如果还有其他压力损失，就会造成填充产品所需的压力不足，即所谓的压力受限。

7 塑料温度

■ 7.1　常用原材料的分子结构

图 7.1 显示了一些常用树脂的重复单元分子结构。聚合物分子链是由这种重复单元组成的。

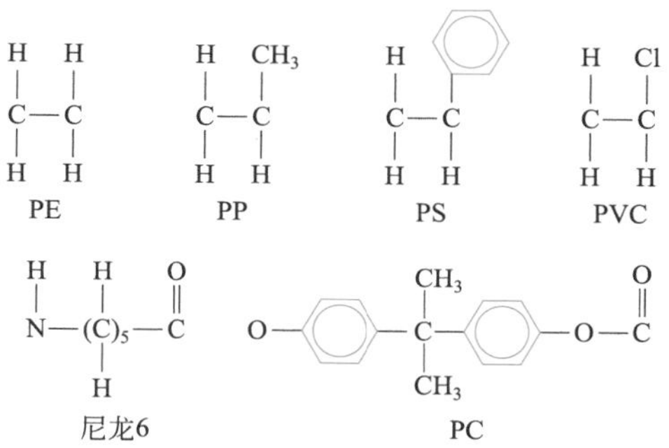

图7.1　典型无定形和半结晶型树脂的重复单元分子结构

■ 7.2　聚合物形态学

聚合物形态学是研究各种聚合物结构、形态及其相互间差异的科学。就热塑性塑料而言，它涉及塑料是否具有晶体结构以及晶体体积大小等内容。

热塑性塑料有两类结构，即无定形塑料（没有固定形状）和半结晶塑料（具有晶体形状和结构）。

7.2.1   无定形塑料的形态特征

图 7.2 显示了无定形塑料的相变形态，无论在低温或加热状态下，它们都不具备晶体形状。

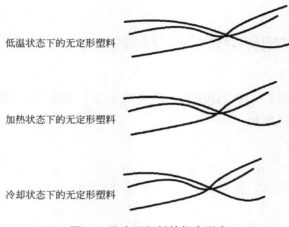

低温状态下的无定形塑料

加热状态下的无定形塑料

冷却状态下的无定形塑料

图7.2   无定形塑料的相变形态

7.2.2   半结晶塑料的形态特征

图 7.3 显示了半结晶塑料的相变形态。

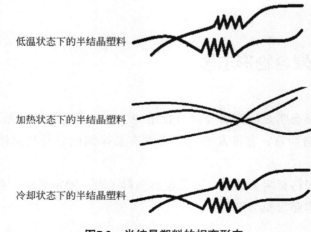

低温状态下的半结晶塑料

加热状态下的半结晶塑料

冷却状态下的半结晶塑料

图7.3   半结晶塑料的相变形态

在低温状态下，半结晶塑料具有晶体结构而无定形塑料则没有。而当这两种材料受热时，结构却趋于相同。在加热状态下材料分子约束力减小，开始自由运动，此时便可以用来进行注塑加工了。

■ 7.3 玻璃化转变温度

玻璃化转变温度（T_g）是无定形塑料冷却时，分子无法再作自由运动，塑料回归到固体状态时的温度。此温度也是塑料加热时分子趋于自由运动的温度。见图 7.4 及图 7.5 中的相变形态。

■ 7.4 熔点

熔点（T_m）是结晶型塑料分子间相互约束力最小，分子可以自由移动而塑料可以开始流动的温度，见图 7.4 和图 7.5。

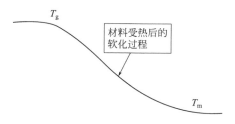

图7.4　无定形塑料的相变

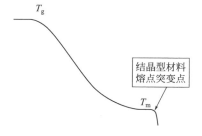

图7.5　半结晶塑料的相变

　　无定形塑料从 T_g 到 T_m 的软化过程需要较长时间，而半结晶材料由于无定形区间较小，所需的加热时间很短，但其晶体部分最后熔化阶段需要的热量更多。

■ 7.5　塑料的收缩

　　当塑料冷却时，内部分子会逐渐回归自然状态，根据材料热胀冷缩的规律，塑料受冷就会收缩。收缩分为各向同性收缩和各向异性收缩，它们的区别如下。

7.5.1　各向同性收缩

　　各向同性收缩时，塑料在流动方向和垂直流动方向上的收缩量相同。由于分子链上没有晶体结构，各向同性收缩（见图 7.6）是无定形塑料的天然特性。

图7.6　各向同性收缩

7.5.2　各向异性收缩

　　各向异性收缩是指塑料在流动方向与垂直流动方向上的收缩率不同的现象（见图 7.7）。由于晶体结构的原因，各向异性收缩一般发生在半结晶材料上。大家应该还记得前面描述过，当塑料开始流动时晶体结构会发生拉伸，而当塑料冷却时会像弹簧一样地发生收缩。晶体结构受冷沿流动方向恢复至冷却状态的回弹量大于垂直流动方向的回弹量，所以流动方向上收缩更大。

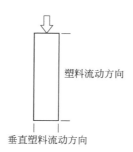

塑料流动方向

垂直塑料流动方向

图7.7　各向异性收缩

　　含填充料的塑料收缩状况会发生改变。玻璃纤维或其它填充料是不会熔化的，所以当塑料冷却时玻纤结构也不会发生收缩。而玻纤总是沿流动方向排布，故流动方向上的收缩比垂直流动方向上的收缩小。

■ 7.6　熔态密度和固态密度

　　熔态密度和固态密度两者之间存在着很大差异。
　　固态密度是指塑料冷却后的密度，此时分子数量不变但所占空间较小。像弹簧一样，遇冷收缩。
　　熔态密度相对较小。当塑料受热，分子间距离增大。间距越大所占空间越多，分子数不变但体积变大。
　　考虑到熔态密度和固态密度之间存在的差异，型芯和型腔的尺寸就需要设计得大于产品冷却时的尺寸。塑料以熔态密度填充型芯和型腔后，冷却得到固态密度的产品。
　　半结晶材料由固态变为熔态时密度大约下降20%。如果固态相对密度为0.92，则加热后熔体的相对密度大约为0.736。
　　无定形材料密度则会下降大约10%。如果固态相对密度为1.2，熔态相对密度大约为 1.08。

半结晶材料与无定形材料熔态密度存在差异的原因是它们各自的晶体结构不同。结晶型材料加热后分子间约束力得以释放，这时晶体会占据更大的空间。

试想，如果料筒在熔料量已接近最大注射量时换料，而所换材料的密度不同，那么产品填充所需的注射量是否能仍然保持足够？

产品收缩对产品最终尺寸会有很大影响。

图 7.8 显示了冷却态或者说固体状态的料粒，以及加热态或者说熔融状态下的料粒。同样数量的分子，加热后料粒由于分子间约束力释放会出现膨胀。

当模具生产所需的注射量已经超过注塑机最大注射量的 80% 时，就需要关注材料熔态密度和固态密度的差别（图 7.8），可能会发生注射量不足的状况。

固态密度   熔态密度

图7.8 固态密度和熔态密度

■ 7.7 冷流道和热流道的优缺点

7.7.1 冷流道系统

优点：

- 加工和维护成本低
- 适用于大部分聚合物材料，包括商用塑料和工程塑料
- 可迅速换色，不需要清洗分流板
- 如果用机械手取出流道，成型周期会缩短

缺点：

- 由于流道较粗，成型周期比热流道系统长
- 如果流道不能回收的话，会产生废料
- 不同的塑料收缩率有所不同

7.7.2　热流道系统

优点：

- 成型周期短
- 避免了流道造成的浪费
- 不需要机械手取出流道
- 适用于大尺寸产品

缺点：

- 模具成本较高
- 换色过程复杂
- 浇口封闭时间较长
- 维护保养费用高、停机时间长
- 不适用于某些热敏感性高的材料
- 调机时间长

■ 7.8　流道中的剪切

热流道或冷流道中存在的剪切（见图 7.9）会影响产品注射阶段的填充方式。材料通过冷流道时会冻结在流道壁上，后面流入的熔料只能沿着流道中心流动，形成所谓喷泉流动，而刚刚冻结的冷料层又会引起更多剪切，就像人搓手一样，然后流动层表面温度开始升高。

当料锋到达次级流道时会形成分叉，高温剪切层也会分叉。而到达第三级流道时，高温熔体会靠近内侧流动。

靠近产品中心一侧的塑料将先行填充（如图 7.10 红线所示），这样就

造成了剪切分布不平衡。

当热流道分流板系统中滞料少于三模次时也会发生类似情况。冷流道或热流道整个流动长度上都存在这种现象：流动距离越长，产生的剪切量就越大。

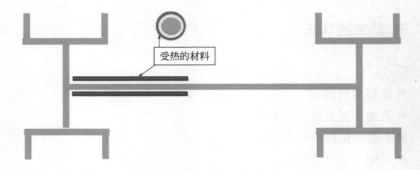

图7.9   流道的剪切模式

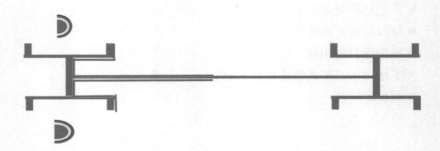

图7.10   二级和三级流道的剪切模式

8 熔料流动

有两个与熔料流动相关的参数：压力和流量。应设置足够的注射压力，以避免工艺中出现压力受限，以及设置满足射速需要的熔料流量。

■ 8.1 喷泉流动

熔料总是像喷泉般地流动（见图 8.1），即趋向沿料流中心流动，而接触钢材表面的外层会发生冻结。

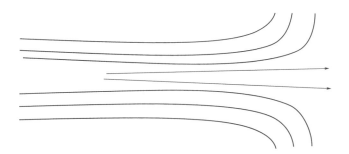

图8.1 熔料的喷泉流动形式

■ 8.2 熔料流动

熔料的流量是以单位时间流经某截面的体积或重量表示的。具体可以表示为 kg/s、in³/s 或 cm³/s，见图 8.2。也就是单位时间内可以注射的熔料体积或重量。

　　要将模具从一台设备转移到另一台上时，了解熔料流量很重要。不同机台上熔料的注射体积或流量都可以在计算后进行转换，这样就能够避免转移模具时需要对参数的猜测。

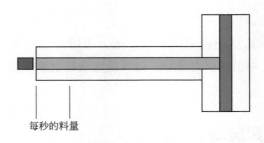

每秒的料量

图8.2　以每秒表示的熔料流量

■ 8.3　如何计算流速

　　流速（Q_p）通常以重量或体积进行计算，表示为 kg/s、in³/s 或 cm³/s。计算前首先要知道螺杆的截面积。

　　直径为 55 mm 的螺杆，求截面积。

　　　　截面积：$55 \times 55 \times 0.7854 = 2375.835（\text{mm}^2）= 3.68（\text{in}^2）$

　　接下来可以找到填充阶段螺杆的直线行程（LS）。

　　　　　　　LS = 塑化位置 + 后松退量 − 切换位置

　　如塑化位置为 3.25in、后松退量为 0.50 in、切换位置为 0.95 in，则：

　　　　　　　LS = 3.25 + 0.50 − 0.95 = 2.80（in）

　　取 2.80 in 乘以螺杆截面积（3.68 in²），得到 $2.8 \times 3.68 = 10.304（\text{in}^3）$，这就是注射量的体积。螺杆截面积和注射量体积的转换见图 8.3。

　　如果已知注射填充体积为 10.304 in³ 以及填充时间为 0.75 s，流量则 $10.304/0.75 = 13.739（\text{in}^3/\text{s}）$，这就是注塑机喷嘴处的流量。如果模具为 8 腔，则进入每腔的流量为 1.711 in³/s。

2D螺杆截面　　　　　3D体积

图8.3　螺杆截面积和注射量体积的转换

■ 8.4 注射体积计算

计算注射体积需要知道两个参数：螺杆截面积和螺杆行程或注射距离。圆面积的计算公式：$D \times D \times 0.7854$ 或 πR^2。

例：

螺杆直径为 35 mm，除以 25.4 转换为 in：35/25.4=1.378(in)。

于是：$D \times D \times 0.7854 = 1.378 \times 1.378 \times 0.7854 = 1.491 (\text{in}^2)$（螺杆截面积）。

如果注射距离为 3.25 in，有 $3.25 \times 1.491 = 4.846 (\text{in}^3)$。

这就是螺杆前端可以注射入型腔的熔料体积。

■ 8.5 型腔封闭

如果需要封闭某个型腔，首先要检查一下这样做是否安全（避免造成型腔损坏）。接着需要确认封闭型腔是否有充分的理由，是因为尺寸超差还是存在外观缺陷？产品缺陷能通过工艺调整解决吗？如果答案都是否定的，那么才考虑封闭型腔。

封闭冷流道浇口时要考虑如果需要再次打开时是否方便。而封闭热流道模具型腔时，不应完全停止热喷嘴的加热，而应将喷嘴温度设为 200 ℉

（93.33℃）。这样就能保证喷嘴头有适度的热膨胀，以免分流系统溢胶。当然如果加热圈已经损坏则别无选择，只能停止加热，尽快更换加热圈。

型腔封闭示意见图 8.4。

在封闭型腔后仍需确保进入模具和型腔的熔料流量和填充时间保持不变，如降低射速可以得到相同的填充时间。这将有助于型腔填充时建立良好的分子取向和合适的冷冻层厚度，并维持塑料的剪切量不变。封闭型腔时须牢记以上原则。

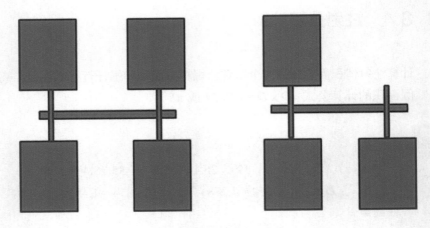

图8.4 型腔封闭示意图

另外一个重要的原则是：封闭型腔时，分型面上投影面积或注射压力的受力面积会有所减小，因而锁模力必须减小。同时需要重新设定注射料量并维持 95% ～ 98% 满射的切换位置。至此，开始调机前，先找出切换点的产品重量，这点十分重要，其目的是要确保料垫大小占总注射量的5% ～ 10%。

 例：

一套 4 腔模具的填充时间为 1 s，需要封闭一个浇口。如果填充时间必须维持在 1 s，就需要放慢填充速度，以保证 4 腔时的填充速度不变，同时满足 95% 满射时的切换位置。填充时间至关重要，因而必须保持不变。

■ 8.6 通过模具的熔料流速

熔料通过型腔时，其流速会发生变化。当流过壁厚较厚或截面较大的区域时，料锋的流速会降低。相反流过狭窄区域时流速会增加。尽管在注塑机上可以对料速进行分段设定，但熔料通过不同几何截面时的速度变化在所难免。当产品表面出现缺陷时应特别留意以上特点。

■ 8.7 熔料取向

熔料流动时会有取向趋势。从产品截面上看，靠近表面取向性较强，而靠近产品中心取向性较弱。

靠近产品表面存在取向层的原因是熔料流过型腔时会发生剪切。这是因为在靠近型腔表面的地方易形成冻结层，熔流从旁流过时就会产生摩擦。而越靠近产品中部剪切越少。

注射速度会影响冻结层的厚度。速度越快，冻结层就越薄；速度越慢，冻结层就越厚。

■ 8.8 切换位置的控制

注塑机由第一阶段切换到第二阶段的方式有四种。

- 时间控制：用时间控制切换时，工艺难以保持稳定。机台在设定时间内完成全部注射量并到达切换位置，一旦材料黏度发生变化，塑料到达某位置的时间随之变化，因而造成了不稳定因素。
- 位置控制：这种控制方式下的工艺比较稳定。找出黏度曲线后，就可以优化注射速度，射速的小范围波动对材料黏度的影响很小。即使材料黏度发生变化，切换位置也不会变化，只是切换压力会根据黏度变化上下波动。

- 液压压力控制：这种机台在某个压力值进行切换的工艺也不稳定，一旦材料黏度变化，到达设定压力值的时间不等，就增加了发生过补缩或补缩不足的可能性。
- 型腔压力控制：填充和补缩均由注射速度控制的工艺是最稳定的，它充分利用了塑料的流变学特性，补缩到设定好的型腔压力值后进行切换，这就保证了每模产品都完全相同。

■ 8.9   黏度变化

注射过程中黏度变化是常态，我们的任务就是要尽可能地控制黏度变化带来的不良影响。材料批次与批次之间或同一批次内的材料黏度都会有所不同。

材料一旦黏度发生变化，就是比前期用料更黏稠或者更稀薄。

材料黏度变化后可能出现以下结果：材料的分子链长度或取向性会发生变化。如果材料变稠难流动，则是分子链变长取向性变弱了，但长分子链的强度和刚性更优。相反，如果分子链变短取向性变强，黏度就会变低，更易流动，但产品的强度和刚性就会有所下降。

如果材料黏度上升，材料变得黏稠并难以填充，切换压力就会有所上升，材料到达同样位置所需的压力也更大。

如果材料黏度下降，材料变得稀薄易于填充，切换压力随之下降，材料到达切换位置所需压力也将下降。

■ 8.10   增强比

注塑机增强比（R_i）的含义是注塑机产生的液压压力经过强化或放大，到达螺杆顶端的压力倍数。它有两种计算方法：机台油缸的截面积除以螺杆截面积，或用最大注射压力除以最大液压压力（图 8.5）。

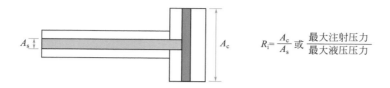

$$R_i = \frac{A_c}{A_s} \text{ 或 } \frac{\text{最大注射压力}}{\text{最大液压压力}}$$

图8.5　增强比的计算

增强比适用于注射端的所有压力计算：

- 填充压力
- 补缩压力
- 保压压力
- 背压

为什么增强比很重要？这是因为它与所有注射端的压力有关，当模具从一台设备转移到另一台设备上的时候必须知道增强比。下面看一个例子。

例：

某注塑机切换压力（即由第一阶段填充转换至第二阶段的补缩/保压）为1900 psi，而增强比为10：1。

1900 psi液压压力乘以10倍增强比得到19000 ppsi的注射压力。

如果要把模具转移到一台增强比为12.5：1的机台上，取19000 ppsi除以12.5得到新机台上所需的液压压力为1520 psi，这样才能得到和第一台设备对等的液压压力。

这种计算对于增强比小的机台同样适用。如前面的机台以10：1的增强比将1900 psi的液压压力转换成19000 ppsi的注射压力。现将模具转移到一台增强比为8：1的机台上。新机台所需的液压压力为2375 psi。如果新机台的最大液压压力只有2000 psi，则该机台会发生压力受限，即所需的压力不够。

■ 8.11 压力受限工艺

压力受限是描述填充过程的专有名词，此时的填充由压力而非注射速度控制，材料无法进行正常的剪切稀释，熔料的流动和填充均不稳定。

图 8.6 中所示的例子显示了型腔填充完成 95% ～ 98% 时的压力曲线（以足够的压力完成模腔 95% ～ 98% 的填充，然后切换到补缩和保压过程）以及一个压力受限的工艺，机台的压力只够完成填充和补缩工艺。

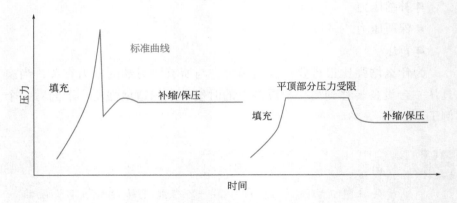

图8.6 正常压力曲线与压力受限曲线

当压力达到受限区域时填充速度下滑。图 8.7 是压力受限的一个典型例子。当压力受限时（红色直线），注射速度（绿色曲线）无法维持机台

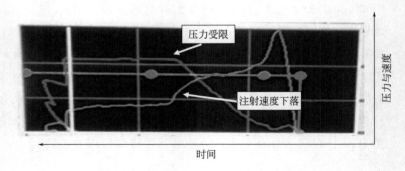

图8.7 压力受限工艺实例（红色为压力，绿色为注射速度）

需要的填充速度。此时材料流动由压力控制而非填充速度控制，这就造成材料无法因剪切而产生稀释。

■ 8.12 初始安全注射量

设定初始安全注射量（见图 8.8）的目的是，避免首次试模因过度填充或填充不足而损坏模具，并且能保持产品顺利顶出。

初始注射量设定不当会造成压力过载，损坏分型面，也会造成模型开裂或模具卡死不能开模。

设定初始注射量有以下四种方法：

① 参照过往模具数据。

② 试错。

③ 依靠经验。

④ 精确计算。

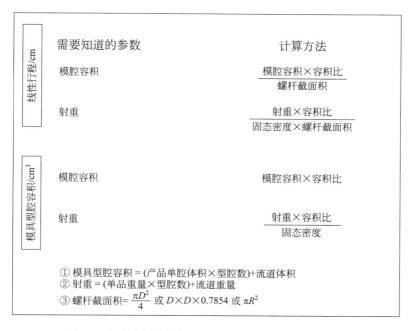

图8.8 安全注射量的初始设定（美国注塑协会提供）

例:

大多数情况下，注射重量可以从设计师那里得到。如果已知射重（体积，cm³）和下列数据，用图8.8中的公式计算注射行程:

射重: 27.4 g

填充体积: 80% 充满

PP 的密度: 0.92 g/cm³（从材料物性表中得到）

螺杆直径: 25 mm

cm³ 至 in³ 的转换系数: 0.061023744

于是:（27.4×0.8）/0.92 = 21.92/0.92 = 23.826（cm³）

23.826×0.061023744 = 1.4539（in³）

这是填充80%型腔的初始安全注射量，加上流道体积0.85 in³得到:

1.4539 + 0.85 = 2.3039（in³）

注射体积=螺杆截面积×注射行程

螺杆直径 25 mm/25.4 = 0.984 in，螺杆截面积: 0.984×0.984×0.7854 = 0.76（in²）

要得到 2.3039 in³ 注射体积，注射行程为: 2.3039/0.76 = 3.03（in）

■ 8.13 流道尺寸计算

下面介绍一种流道尺寸的计算方法。目标是要平衡剪切速率以及熔料通过每个流道截面的速率，降低压力损失，以获得高质量产品。

式中，D_g 为浇口处流道直径。

D_g = 1.5 × 浇口处壁厚（本例中浇口处壁厚0.060 in）

标准公式为:

$$D_f = D_b \times N^{1/3}$$

$$D_f = 2 \times \sqrt{2 \times 分流道截面积/\pi}$$

式中，N 为流道需填充的分流道数量；D_f 为一级分流道直径；D_b 为二级分流道直径。

由浇口到主流道的尺寸计算见图 8.9。首先确定浇口处流道的尺寸，再逐步往上推算至主流道。然后调整尺寸，以保证通过每个流道截面的剪切速率相同。

$$D_g = 1.5 \times 0.060 = 0.090 \,(\text{in})$$
$$D_{f1} = 0.090 \times 1.26 = 0.113 \,(\text{in})$$
$$D_{f2} = 0.113 \times 1.26 = 0.142 \,(\text{in})$$

将 N 开立方得到 1.26，N 为每个上级流道需填充的分流道 D_{f1} 或 D_{f2} 的数量。

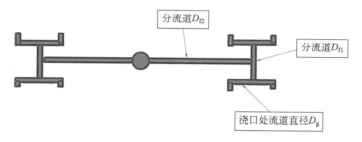

图8.9 由浇口到主流道的尺寸计算

9 注射压力（补缩与保压）

■ 9.1 注射压力

注射压力是一个需要监控的工艺指标。它可由设备液压压力乘以设备的增强比（R_i）得到。该算法适用于填充、补缩、保压和背压压力的计算。即使两台注塑机的液压压力和增强比不同，转移模具时也应保持它们之间螺杆前端设定的注射压力不变。

■ 9.2 动态压力和静态压力

动态压力是成型周期中首段或者说是增强段的压力。填充由速度控制时，液压系统必须提供充足的压力以保证塑料实现剪切稀释。静态压力则是补缩和保压阶段的压力，也是压力控制工艺阶段的压力。

■ 9.3 填充末端的压降

通常在产品填充末端可以观察到最大的压降。随着熔料远离浇口，其冻结趋势逐步增强，因此每往前一步都会产生压降。如果想得到完全填充的产品，螺杆前端必须有足够的压力，以保证末端的填充。

我们已经了解到材料的黏度会发生变化。如果黏度变化可能消耗螺杆前端积聚的压力，我们就需要预留约 10% 的压力空间以应对可能发生的黏度变化。例如，液压压力为 2000 psi，切换压力就不能高于 1800 psi，否则就可能发生压力受限。一旦黏度上升，材料变稠，切换前很可能会出现压力不足。

■ 9.4 产品收缩和型腔压力的关系

当型腔补缩压力增大时，产品收缩变小。材料分子被压得很密实，收缩阶段发生位移的机会就会下降。

由于半结晶材料具有晶体结构，它们更容易产生收缩。结晶材料像弹簧一样，压力过大，弹簧就可能无法恢复原状。半结晶材料制作的产品在高温环境下使用容易出现问题。一旦塑料再次受热，分子间的相互约束力降低，造成产品的翘曲变形。型腔压力与收缩率的关系见图9.1。

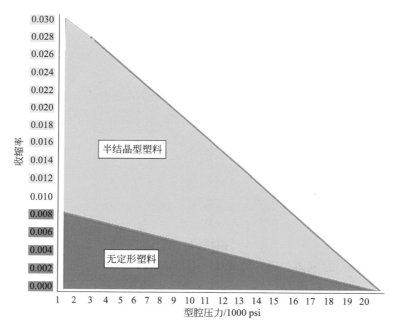

图9.1 型腔压力与收缩率的关系（摘自RJG 注塑大师培训资料）

■ 9.5 分型面无飞边的最大型腔压力

充分了解模具发生飞边的原因很关键。模具上的很多区域需要承受注射压力，一旦注射压力超过了锁模力，就会产生飞边。图 9.2 说明了锁模力、产品投影面积和型腔最大平均压强之间的关系。

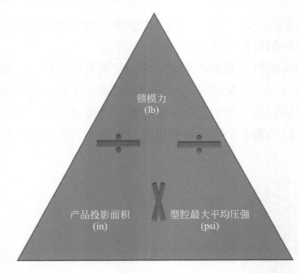

图9.2 锁模力、产品投影面积和型腔最大平均压强之间的关系

 例（下文 ppsi 指的是塑料压力）：

设某台注塑机的最大锁模力为 300t。

以英磅（lb）表示的锁模力：

　　锁模力 = 300 × 2000 = 600000 lb（1t 等于 2000lb）

投影面积：

　　投影面积为产品在分型面上测量的面积。如果产品为 3.5 in × 5.25 in 的长方形，则投影面积为 18.375 in^2。

　　于是，注塑机能承受的最大平均型腔压强：

　　　　600000/18.375 = 32653.06（ppsi）

　　而实际平均型腔压强为浇口端和填充末端传感器测定的压强平均值。假设浇口端压强为 12000 ppsi 而填充末端为 3000 ppsi。

　　　　（12000 + 3000）/2 = 7500 ppsi

　　于是，平均型腔压强为 7500 ppsi。

　　如果模具上没有安装传感器该如何计算呢？将分型面上不产生飞边的锁模力除以投影面积，得到最大平均压力。有两种方法可以进行验证：调低锁模力直到产生飞边，这时型腔内压力已超过了最大平均压力，或者逐步调高保压直到产生飞边，此时型腔内压力也超过了最大平均压力。

　　一旦出现飞边，就应设法增加锁模力或降低保压压力，以保证锁模力大于注射压力。

10 冷却

■ 10.1 塑料的冷却

冷却的终极目的是在最短的成型周期里生产出尺寸稳定的产品。我们需要考虑产品的冷却速率以及它对产品物理性能及产品收缩的影响。首先让我们了解一下冷却水路的布置对冷却产生的影响。

■ 10.2 紊流和层流

高效的冷却都离不开紊流，在水管中翻腾的冷却水能有效地带走热量。而对于层流而言，靠近水管壁的冷却液外层会阻隔热量传递，降低冷却效率。层流和紊流见图 10.1。

层流　　　　　　　　　　　　　　　　紊流

图10.1　层流和紊流

举一个和层流有关的例子是厨房水槽上的龙头。当龙头开得很小时，水流属于层流，但冷却效果较差（图 10.2）。而当龙头开到最大时，水流充满泡沫，属于紊流，具有很好的冷却效果（图 10.3）。

图10.2 河流中的层流

图10.3 河流中的紊流

■ 10.3 雷诺指数

雷诺指数可帮助我们判断是否出现了紊流。实现紊流的理想雷诺指数值至少是10000。表 10.1 和表 10.2 列出了不同水管直径下产生紊流所需的流量，单位是 gal/min（GPM）或 L/min（LPM）。

表10.1　产生紊流所需的流量（GPM）（雷诺指数=10000）　　单位：gal/min

水管管径	温度			
	180 ℉	140 ℉	100 ℉	50 ℉
1/4 in	0.28	0.37	0.54	1.03
3/8 in	0.41	0.56	0.81	1.55
1/2 in	0.55	0.74	1.09	2.07
5/8 in	0.69	0.93	1.36	2.58

表10.2　产生紊流所需的流量（LPM）（雷诺指数=10000）　　单位：L/min

水管管径	温度			
	82 ℃	60 ℃	38 ℃	10 ℃
6 mm	0.99	1.32	1.95	3.70
8 mm	1.32	1.77	2.60	4.93
10 mm	1.65	2.21	3.25	6.17
15 mm	2.47	3.32	4.87	9.25

由表 10.1 可知，在水管管径列中选取 3/8 in，模温 100 ℉，达到紊流所需的流量为 0.81 GPM（加仑/分钟）。

在图 10.4 中，所有黄色空格中的数据均由手工输入，而橙色和蓝色空格中的数值则由手工输入的数据计算得到。

表 10.1 和表 10.2 清楚地显示了雷诺指数达到 10000 所需要的流量。以下的表单适用于整套模具流量的计算，可以算出需要输入冷却水系统的总流量。

表单中的计算公式如下（图 10.4）：

#1= 黏度 × 直径 ×10000/3.163 或（0.92×0.25 in×10000）/3.1631

#2= 黏度 ×直径 × 直径 /21221 或（0.92×6 mm×10000）/21221

#3= GPM × 动模侧、定模侧或中间模块的水管总数

#4= LPM × 动模侧、定模侧或中间模块的水管总数

定模侧流量(gal/min) ☐ 45
动模侧流量(gal/min) ☐ 45
定模侧冷却水路数量 ☐ 50
动模侧冷却水路数量 ☐ 50
模具中部冷却水路数量 ☐ 35

温度/℉	温度/℃	水的运动黏度/mPa·s
50	10	1.31
60	15.5	1.12
70	21	0.98
80	26.6	0.86
100	37.7	0.69
120	49	0.56
140	60	0.47
160	71	0.4
180	82	0.35

$$\frac{黏度(cP) \times 水路直径(in) \times 10000}{3163}$$
流量(GPM)

$$\frac{黏度(cP) \times 水路直径(mm) \times 10000}{21221}$$
流量(LPM)

#1 流量(GPM) $\dfrac{黏度\ \boxed{0.92} \times 水路直径(in)\ \boxed{0.25} \times 10000}{3163}$ = $\boxed{0.727158}$ GPM

#2 流量(LPM) $\dfrac{黏度\ \boxed{0.92} \times 水路直径(mm)\ \boxed{6} \times 10000}{21221}$ = $\boxed{2.601197}$ LPM

#3 $\boxed{36.35789}$ 定模侧产生紊流所需流量(gal/min)
$\boxed{36.35789}$ 动模侧产生紊流所需流量(gal/min)
$\boxed{25.45052}$ 模具中部产生紊流所需流量(gal/min)

#4 $\boxed{130.0598}$ 定模侧产生紊流所需流量(L/min)
$\boxed{130.0598}$ 动模侧产生紊流所需流量(L/min)
$\boxed{91.04189}$ 模具中部产生紊流所需流量(L/min)

图10.4 雷诺指数计算表

■ 10.4 冷却水路的温差

　　模具中应尽量布置多条冷却水回路，尽管有时难免需要串接。模具上的进水和出水温差应尽可能达到或小于 4 ℉（2.2℃），生产关键性产品时的温差应小于 2 ℉（≈1℃）。

■ 10.5　冷却水路的截面积

　　冷却水路的截面积是模具冷却中需要重点关注的因素，也是解决产品缺陷的重要手段之一。进水管的截面积必须大于所有分水管截面积的总和，否则就会产生压力损失。如果冷却水在小管径中能生成紊流或雷诺指数达到 10000，在大管径水路中则有可能变为层流。

　　解决冷却水流问题的例子：

　　设一根 3/4 in 的水管为一套装有 8 个 3/8 in 管径接口的分流板供水。

　　水量计算：

　　3/4 in 供水管截面积 = $0.750 \times 0.750 \times 0.7854 = 0.442$（$in^2$）

　　3/8 in 冷却水管每根截面积 = $0.385 \times 0.385 \times 0.7854 = 0.11$（$in^2$）

　　8 根水管的总截面积为 $0.11 \times 8 = 0.88$（in^2）。

　　可以发现 8 根冷却水管的总截面积为供水管截面积的两倍，就是说冷却水管中需要增加一倍的供水量才能维持和供水管相同的水流量和水压，否则无论供水管里通过多少水量，流到冷却水管里都会减半。

■ 10.6　串联与并联水路

　　冷却水管应该如何与模具连接？在有紊流产生的前提下，冷却水回路数量越少越好。经常听说模具上水路串接对冷却效果不利，这种说法不完全正确，而是要先对下列几点进行考量：

　　① 需要几个串接头？

　　② 进出水的温差是多少？

③ 水压降是否很大?

并联水路(见图 10.5)的特点:

■ 冷却效率最大

■ 冷却回路数量最多

■ 水压压降小

■ 受阻的水路会产生冷却不良

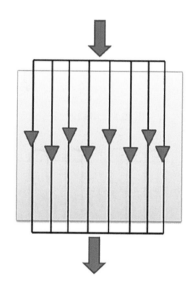

图10.5 并联水路

串联水路(见图 10.6)的特点:

■ 冷却水回路数量最少

■ 水压压降大

■ 进出水流温差较大

■ 所有水路的流量相同

采用串联水路能够减少模具冷却水回路数量,并提供较大的水流量。当然这也取决于主要供水管提供的水量以及冷却水管的回路数量。

优化后的水路连接方式见图 10.7。

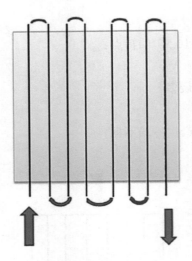

图10.6 串联水路

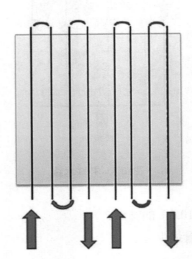

图10.7 优化后的水路连接方式

■ 10.7 冷却速率

冷却速率取决于塑料制品和模具钢材之间的温差大小。塑料中的热量释放时，塑料从熔点（T_m）向玻璃化转变温度（T_g）转化的过程，或者说从高弹态向固态转化的时间很短，原因是此时分子运动依然很活跃。一旦达到玻璃化转变温度（T_g），分子结构就会凝固或重新发生晶体化，分子运动也会减慢或趋向停止直至位置锁定，这时冷却速率会有所降低。

■ 10.8　低效冷却

冷却水路里的积垢无疑是改善冷却效率和缩短成型周期的隐患。模具和注塑机上的冷却水路和冷却水管都应该经常清洗和维护。厚度为 1 mm 或者 0.040 in 的积垢会降低冷却效率 40%。水管里的积垢像绝热层一样，会阻碍模具的热量有效地由水道里的紊流带走。

■ 10.9　冷却时间

注塑机可以利用模具冷却时间让螺杆复位，并为下一模产品储料。冷却水流将产品的热量从模具中带走，直到温度降至产品顶出不致发生变形的地步，即低于热变形温度（HDT）的水平。每种塑料的 HDT 都有所不同。

■ 10.10　冷却水路的深度、直径和间距

深度：冷却水路中心到产品表面的平均距离（$1.5D \sim 2D$）

间距：水路与水路间的平均距离（$3D$）

冷却水路应尽可能靠近产品的外形，否则动模芯和定模芯上会出现热点（注意图 10.9 中各水道离产品的距离并不完全一致）。热点会引起收缩差异，进而造成产品翘曲和变形。

冷却水路的深度、直径和间距见图 10.8 和图 10.9。

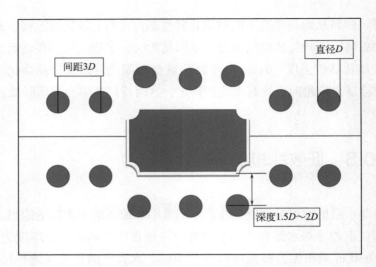

图10.8 冷却水路的深度、直径和间距（1）

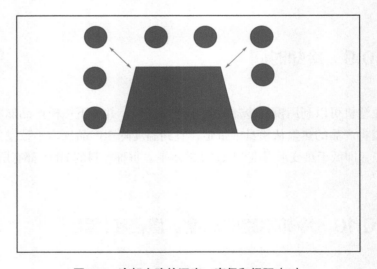

图10.9 冷却水路的深度、直径和间距（2）

■ 10.11 隔水片和喷水管

在模具中安装隔水片（见图 10.10）能让冷却水流到尺寸较长的型芯，

而传统的冷却方式却难以实现。

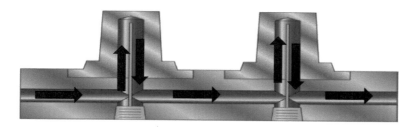

图10.10 模具中的隔水片

在模具中安装的喷水管（见图 10.11）也能将冷却水引到难以到达的部位。水流通过中心管进入再喷涌到外层流出，这样水流就能持续带走热量。要注意的是喷水管只能在一端固定。

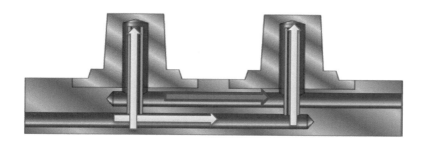

图10.11 模具中的喷水管

■ 10.12 温控器和模温机的工作原理

冷却水由进水管输入温控器或模温机，流量由压力传感器进行控制。一旦压力开关受到压力就会启动水泵。

水泵将水流泵入加热槽。温度传感器会发出指令调节节流阀。如果模具温度偏低，节流阀即关闭，让水流流入模具加热。当模具温度足够高而需要降温时，节流阀开启放出热水，然后从进水管加入冷水（闭环）。

如需利用调温器持续降温，系统就必须开环，让水流从进水口流入再从出水口流出。

温控器工作原理见图 10.12。

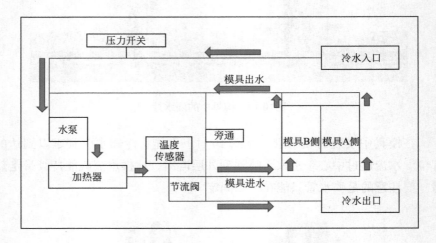

图10.12 温控器工作原理图

11 注塑工艺标定

在新的生产任务开始以前进行工艺标定，确保注塑工艺具有生产合格产品的能力。这往往也是注塑模具验收的流程之一。

如果存在生产设备状态欠佳、工艺受限且不稳定、原材料性能有波动、原材料预处理方法不一致、模具尚存缺陷、辅机功能不良或者生产环境因素变化等不利因素，均可通过以下的标定程序加以识别并且量化。该方法操作简便，并能将生产能力进行量化。其基本理念是从产品重量上判断整个注塑工艺的稳健程度。

完成标定需要以下物品：

- 40模袋装产品（确保这些产品是工艺稳定后生产的）。
- 用于产品称重的电子秤。如果产品重量小于100 g时，电子秤读数精度需达三位小数，当产品重量超过100 g时，电子秤读数可以只有两位小数。如果电子秤的精度不够，对产品重量的变化不够敏感，就无法采集到有用的信息。

以下公式可用来计算波动系数CV（百分比）：

$$CV = 标准离差/均值$$

利用该公式可以计算出某注塑工艺的波动是否在可接受范围内。此标定方法非常简单：采集工艺稳定后的40模产品，称出包含流道的所有产品总重。记录每模产品的重量，算出均值和标准离差，然后将结果与表11.1进行比较。

表11.1　机台的工艺能力评价

波动系数	注塑品质
0.01%～0.1%	精密成型
0.10%～0.32%	质量较好
0.32%～1%	工艺窗口较差
>1%	品质不能接受

新购机台较容易满足生产精密成型产品的需要。当波动值大于 0.32% 时，应该先评估一下波动的原因。量产期间机台的波动如果大于 0.32%，产品会出现尺寸显著波动和质量不良。如果注塑厂在批量生产前都用此方法评估成型工艺，改善注塑件的稳定性和质量，生产中的停机现象就会大幅度减少。

图 11.1 中的计算方法简单易行。

E3

	B	C	D	E	G	H	I	J
2–3		#1	#3	#4		#1	#3	#4
5	Shot 1	115.54	-0.013	0.000163	Shot 21	115.56	0.007	0.000053
6	Shot 2	116.24	0.687	0.472313	Shot 22	115.36	-0.193	0.037153
7	Shot 3	116.01	0.457	0.209078	Shot 23	115.46	-0.093	0.008603
8	Shot 4	115.57	0.017	0.000298	Shot 24	115.32	-0.233	0.054173
9	Shot 5	116.23	0.677	0.458668	Shot 25	115.81	0.257	0.066178
10	Shot 6	115.46	-0.093	0.008603	Shot 26	115.27	-0.283	0.079948
11	Shot 7	115.86	0.307	0.094403	Shot 27	115.27	-0.283	0.079948
12	Shot 8	115.49	-0.063	0.003938	Shot 28	115.75	0.197	0.038908
13	Shot 9	115.71	0.157	0.024728	Shot 29	115.07	-0.483	0.233048
14	Shot 10	115.17	-0.383	0.146498	Shot 30	115.48	-0.073	0.005293
15	Shot 11	115.6	0.047	0.002233	Shot 31	115.73	0.177	0.031418
16	Shot 12	116.14	0.587	0.344863	Shot 32	115.12	-0.433	0.187273
17	Shot 13	115.77	0.217	0.047198	Shot 33	115.53	-0.023	0.000518
18	Shot 14	115.85	0.297	0.088358	Shot 34	115.58	0.027	0.000743
19	Shot 15	115.89	0.337	0.113738	Shot 35	115.1	-0.453	0.204983
20	Shot 16	115.43	-0.123	0.015068	Shot 36	115.4	-0.153	0.023333
21	Shot 17	115.78	0.227	0.051643	Shot 37	115.11	-0.443	0.196028
22	Shot 18	115.3	-0.253	0.063883	Shot 38	115.6	0.047	0.002233
23	Shot 19	115.75	0.197	0.038908	Shot 39	115.88	0.327	0.107093
24	Shot 20	115.06	-0.493	0.242803	Shot 40	114.86	-0.693	0.479903
25		115.6925		0.121369		115.413		0.092

	L	N	O	P
11–12	#6	#2		#5
14	Std Dev	Mean		Variance
15	0.33	115.553		0.1066049
19	Coefficient of Variation			#7
20	0.283		%	

图11.1 波动系数计算表单

图 11.1 中的算式如下：

#1 黄格中应填入共 40 模产品的每模重量

#2 计算所有产品的平均重量。N15 中的公式为：（C025 + H25）/2

#3 D 列和 I 列分别为减去平均重量后的差异值。如 D5 中的公式为：C5 - N15，N15 为平均重量。

#4 E 列和 J 列为计算离差公式的第二部分。求 D 列结果的平方值。E5 中的公式为：D5 * D5

#5 现在计算离差值，取总重量 E25 和 J25 的平均值。P15 里的公式为：（E25 + J25）/2

#6 计算标准差。求 P15 的平方根，公式为：SQRT（P15）

#7 计算参数波动。用标准离差除以平均重量。公式为：（L15/N15）*100

然后隐藏 D，E，I 和 J 列，让计算在后台进行（图 11.2）。

	A	B	C	D	E	F	G	H	I	J	K	L	M	N	O	P	Q
1																	
2																	
3																	
4																	
5		Shot 1	115.54				Shot 21	115.56									
6		Shot 2	116.24				Shot 22	115.36									
7		Shot 3	116.01				Shot 23	115.46									
8		Shot 4	115.57				Shot 24	115.32									
9		Shot 5	116.23				Shot 25	115.81									
10		Shot 6	115.46				Shot 26	115.27									
11		Shot 7	115.86				Shot 27	115.27									
12		Shot 8	115.49				Shot 28	115.75									
13		Shot 9	115.71				Shot 29	115.07									
14		Shot 10	115.17				Shot 30	115.48				Std Dev		Mean			Variance	
15		Shot 11	115.6				Shot 31	115.73				0.33		115.553			0.1066049	
16		Shot 12	116.14				Shot 32	115.12									
17		Shot 13	115.77				Shot 33	115.53									
18		Shot 14	115.85				Shot 34	115.58									
19		Shot 15	115.89				Shot 35	115.1				Coefficient of Variation					
20		Shot 16	115.43				Shot 36	115.4				0.283		%			
21		Shot 17	115.78				Shot 37	115.11									
22		Shot 18	115.3				Shot 38	115.6									
23		Shot 19	115.75				Shot 39	115.88									
24		Shot 20	115.06				Shot 40	114.86									
25			115.6925					115.413									
26																	

图11.2 波动系数计算表单（简化版）

该测试的主要目的是检查成型工艺的波动。我们需要挖掘波动的根源并确定机台是否有能力运行稳定的工艺。

12 工艺缺陷排除

本章将探讨注塑中常见的缺陷产生原因以及排除方法。

■ 12.1 黑点

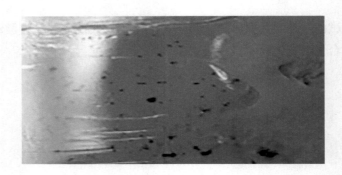

图12.1　黑点

- 在解决黑点缺陷（图 12.1）前需要了解
  - 黑点是什么物质？是炭化了的塑料还是杂质污染
  - 黑点的来源？来自原材料、料筒、喷嘴还是热流道系统？不要遗漏任何一个可疑点
  - 是热流道还是冷流道？塑料在模具中如何流动
- 原料污染
  - 检查周围环境
  - 注塑机上方是否有排气扇，滤网是否需要更换，屋顶上是否有浮尘

- 检查所有可能污染材料的气流污染源
- 如果注塑机已清理干净，应检查有无污物落入储料箱中
  - 应特别注意通过气流传播的污染物
- 防尘盖子上的灰尘污染
  - 取下并清洁防尘盖（切忌使用压缩空气除尘，以免污染周边注塑机）
- 再次清洁料筒和供料系统避免可能的污染
- 查找所有可能纳污的死角（密封圈后、卡在过滤筛上、进料口盖子上）
- 检查进料口和磁吸装置上是否存在液态色母需要清除
- 检查任何可能存有残留塑料粒子的区域
- 加热圈故障
  - 检查加热圈是否过度加热，超出了设定值
  - 继电器或线路是否接触不良（较老的机台）
  - 材料降解发生在料筒哪个区段
  - 降解的材料在喷嘴口堆积
    - 清理喷嘴处降解的材料，以免被带到流道中
  - 是否存在主流道残料脱落造成降解塑料进入流道？考虑减短或消除料杆
  - 加热圈失效（例如已被烧毁）会导致某区段内剪切热占比增加（80% 的熔料热量来自剪切或摩擦生热）。如果料筒内有以前残留的冻结层，则该区段电加热不能满负荷工作，否则一旦有个别加热圈失效，其他加热圈就会提高功率弥补热量损失，造成局部过热，增加材料降解的风险
- 材料性能波动
  - 塑料的熔体流动速率是否有变化
  - 加热圈温度设定与以前相比提高还是降低了？螺杆的转速是否有改变？转速改变将会影响材料的加热和剪切
    - 清理附着凝结层的方法是：提高加热圈温度并使用原生料冲洗，然后再降低加热圈温度，让新凝结层附着

- 不同材料的黏结温度是否相同
  - 黏结温度指的是材料开始附着到螺杆形成凝结层并开始剪切过程的温度
- 螺杆或料筒是否需要清洁
  - 清除料筒内不同的塑料，新原料的熔体流动速率是多少？新原料是否含有不同添加剂或填充物会对料筒产生磨损
- 喷嘴头是否需要拆卸以清除残余塑料
  - 清除以前生产中留下的凝结层
- 清理喷嘴和浇口套里的降解塑料

■ 12.2　浇口晕斑

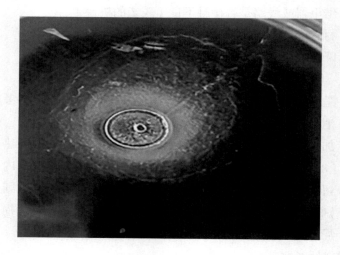

图12.2　浇口晕斑

浇口晕斑（见图12.2）通常出现在浇口对面或浇口附近的产品表面上，呈现出白雾状或局部颜色暗淡。

- 浇口晕斑是射速过快造成的。正对浇口的熔料还未凝固就被后面的塑料冲散
- 塑料是呈现喷泉式流动的，如果外层塑料还没来得及附着在型腔

内壁上就被冲开，就会出现晕斑
- 当熔料通过浇口时，应适当降低填充速率
- 如果模具为冷流道，应在塑料到达浇口前的流道上设计冷料井
- 改变浇口尺寸
  - 这样填充制件的形式会发生改变
- 提高熔料温度，塑料将更易流动
- 适当提高模具温度
  - 让高温熔料和冷模具之间的过渡更为平缓
- 清理模具表面，避免气体残留物堆积

■ 12.3 脆性断裂

脆性断裂的实质是塑料力学性能下降，表现为一旦有外力作用就很容易发生断裂，但很少发生弹性变形。
- 塑料中含有过多水汽
  - 检查原料的含水率。如果材料含水率过高，需增加干燥时间，同时检查干燥温度。勿将原料暴露在过高的温度下
    - 干燥温度和时间应该根据材料物性表设定
  - 进料口水汽凝结
    - 进料口温度应该设定到 37 ～ 48 ℃以避免结露
  - 冷却水路泄漏
    - 查找并修复泄漏点
  - 模具未置于温控环境中或冷水机温度设定低于露点，导致模具表面结露
    - 升高冷水机温度设定
    - 设置温控环境
- 熔料温度过高
  - 降低熔料温度以避免材料降解
  - 降低喷嘴温度

- 检查料筒储料时间以及料温
  - 熔料量应为料筒容量的 25% ～ 75%
  - 料筒温度可能需要分段设定：进料段温度设定低一些，再逐段升高至推荐的熔料温度
- 降低螺杆转速
  - 充分剪切加热
- 熔料温度过低
  - 造成熔接线或结合线强度下降
- 污染
  - 检查塑料粒子是否受到污染
    - 粒子混料
  - 从料筒中清除被污染原料
  - 拆卸料筒和螺杆（螺纹受到污染情况下）
- 回收料
  - 检查原料被回收利用的轮次
    - 闭环原料回收计划里回收料的利用不应超过 10 轮
    - 料筒中加热段数设定是否过多
    - 通常回收料比例为 25% ～ 30%
- 浇口设计不当
  - 浇口的尺寸、位置和形状是否正确
  - 浇口的位置会影响塑料中分子链的取向以及制件不同方向上的强度差异
  - 产品填充次序是由薄到厚还是由厚到薄
    - 熔料的流动和补缩状态如何

■ 12.4　烧焦

烧焦（见图 12.3）通常是（但并不总是）通常表现为填充末端材料炭化或褪色，当然也不乏其它形式。困在型腔里的空气被压缩点燃，造成了制件上的烧焦痕迹。

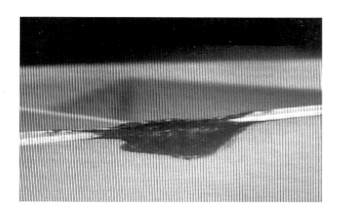

图12.3 烧焦

- 减小填充速度
  - 射速过快会使材料受到过度剪切，从而引起添加剂的分子链断裂，造成材料降解
- 验证切换位置是否合适
  - 在填充至 95% 时就进行切换，让空气有机会逸出
- 清洁排气槽
  - 可在合适位置增加排气槽（见图 12.4）
  - 清洁顶针（顶针也会起到排气作用）
- 改变浇口位置
  - 改变塑料进型腔后的流动形态
- 减小锁模力
  - 锁模力过大使模具无法排气。要用产品的投影面积计算锁模力；300 t 的机台并不一定要将锁模力设置到 300 t
- 降低熔料温度
  - 温度过高时塑料会产生汽化，添加剂的分子链通常比聚合物的短，因此更容易降解

想象一下困在火山口里的气体，那里的气体要有出口喷放（见图 12.5），否则就会发生爆炸。对于模具也是一样的，如果模具内的空气被持续压缩，就会在型腔内引起轻微爆燃，最终在产品上留下烧焦痕迹。

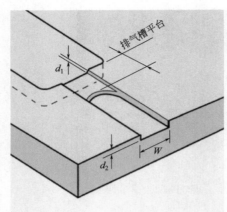

材料名称		排气槽深度	
		in	mm
PA66	Nylon 66	0.0005	0.013
PPS	polyphenylenesulfide	0.0005	0.013
POM	acetal	0.0007	0.018
PE	polyethylene	0.0010	0.025
PPS	polypropylene	0.0010	0.025
PSU	polysulfone	0.0010	0.025
PS	polystyrene	0.0010	0.025
flex PVC	flexible polyvinyl chloride	0.0015	0.038
ABS	acrylonitrile butadiene styrene	0.0020	0.051
PMMA	acrylic	0.0020	0.051
PC	polycarbonate	0.0020	0.051
PPO	polyphenylene oxide	0.0020	0.051
rigid PVC	rigid polyvinyl chloride	0.0020	0.051

图12.4   排气槽深度

图12.5   火山口喷放气体

■ 12.5 浇口烧伤

- ■ 浇口处有毛刺 / 或尖锐转角
  - ■ 抛光浇口区域，消除由尖锐转角或粗糙面带来的多余剪切热

- 浇口尺寸过小
  - 浇口尺寸应为产品平均壁厚的 50% ~ 80%
- 分析是否因为塑料或添加剂对剪切敏感而产生烧伤
- 射出速度过快
  - 核算塑料的剪切速率；如果塑料通过狭小的浇口快速射入，聚合物分子链会被撕裂或降解；计算浇口区域的剪切速率（参考剪切速率计算公式）
- 浇口堵塞
  - 混入塑料中的异物可能会阻塞流道，此时流道变小，即使注射量和注射时间没有变化，塑料填充速率也会加快

■ 12.6 雾化

透明制件出现雾化的主要原因是材料受到污染。冷却速率不当也是原因之一。

- 清除受污染的材料，污染物来源可能是回收料或以前作业中残留的材料。不同原料的混合也会导致制件雾化
- 检查回收料是否受到污染
- 清空并打扫下料斗和供料系统
- 检查熔料温度
  - 升高熔料温度
    - 减小制件中的应力
  - 提高注射速度
- 拆卸螺杆和止逆环，清洁螺杆、料筒和止逆环
- 对于吸湿性材料可提高材料干燥标准
- 对半结晶材料提高冷却速率以降低材料的结晶率。结晶率越高，光线穿过时就越容易产生反射，从而出现外观雾化
  - 同样材料在不同冷却速率下的外观表现（见图 12.6）

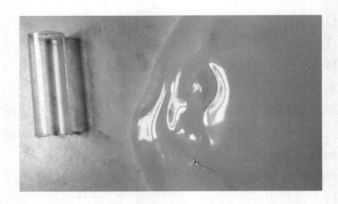

图12.6　相同材料在不同冷却速率下的外观表现（左边冷却速率快；右边冷却速率慢）

■ 12.7　色纹

当材料受到污染，或有混料和降解问题时，制件上会出现不同颜色的纹路。

- 材料受到污染
  - 前次作业中有残留的料粒或者液态色母；检查污染物附着的部位并加以清除
- 螺杆/料筒的清洁
  - 前次作业中塑料或色母的凝结层会残留在料筒或螺杆上。如果新的凝结层不能将其覆盖，那么色纹就会不断出现
- 喷嘴清洗
  - 通用型喷嘴里存在死角（图12.7），需要去除和清洁以前残留的色母或塑料
- 热流道分流板或热嘴清理
  - 冷凝层
  - 死角
  - 清除分流板或热嘴中的凝结层时，可将热嘴温度提高至38℃（100 ℉），分流板温度提高至10℃（50 ℉），让机器全自动运

行,并关注以前使用的有色残料是否被清出流道系统。再用本色或有色材料持续清洗 10 ～ 15 min,关闭系统使其冷却,于是系统内将产生新的冷凝层

■ 降低螺杆转速

　■ 过度剪切以及由此产生的高温会使色母降解

图12.7　通用型喷嘴

■ 12.8　顶针印

顶针印(见图 12.8)是因顶出区域受到较大的应力或变形而造成的。

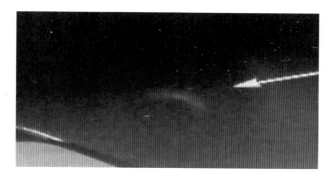

图12.8　顶针印

■ 设计或模具问题

　■ 顶针过少导致顶出力不均衡

- 倒扣结构导致脱模不畅
- 顶出时的真空效应会增加脱模力，检查型芯抛光是否足够
- 冷却不充分；制件是否达到了可顶出的强度
- 顶针周围细节特征抛光不够（但对某些塑料而言较低的抛光等级更利于脱模，因为高抛光表面附着力更大）

■　12.9　原料降解

- 熔料温度过高会导致塑料烧焦或降解
  - 塑料在高温下会发生变色（呈棕色或黑色），分子链随之断裂，长链变为短链
- 螺杆转速过高，会引起材料过度剪切和料温上升，导致材料变为棕色或黑色
- 由于过热或湿气造成材料物理性能下降
- 过度干燥或干燥不足
  - 过度干燥：物理性能下降，分子链变短，更易流动，从而导致降解加快
  - 干燥不足：材料中残留水分会造成分子链断裂，从而也会导致降解和物理性能下降
- 熔料在料筒中滞留时间过长
  - 缩短熔料在料筒内的滞留时间，或检查熔料温度范围是否正确

■　12.10　模具设计缺陷

- 尖角易造成剪切过度或应力集中
  - 容易引起熔料的流动速度在转角内侧快于外侧，造成剪切过热，应降低射速
- 浇口尺寸过小

- 料流前沿产生过度剪切，生成气体和造成材料降解或压力过高；同样也可能会导致浇口过早冻结引起补缩不足
- 热流道分流板中存在死角
  - 造成分流板中熔料滞留和料温过高，最终可能导致降解的熔料混入料流，或者阻碍料流流动
- 流道设计缺陷
  - 浇口套孔径太小导致制件填充困难
  - 流道直径过小导致制件填充困难
  - 流道直径过大，塑料是可被压缩的，在熔料因故无法顺利填充到型腔内时，就会在热流道分流板内受到压缩
  - 加热装置故障或功率不够，不能有效促进塑料流动
- 冷却水路设计缺陷
  - 冷却水路直径、间距或离产品面的距离不正确，导致模具内部冷热不均，或浇口附近冷却过度，导致浇口过早冻结
- 料流从薄壁区域流向厚壁区域时，在薄壁区域先行冻结，造成厚壁区域补缩不足

■ 12.11 鱼钩纹

图12.9 鱼钩纹

- 当加工 PET、PETG、PC 和 PMMA 等透明材料时，这类情况会变

得更为明显

- 鱼钩纹（见图 12.9）通常是由于冷料或未融塑料被料流前沿推至型腔并滞留所致
  - 检查喷嘴处是否流涎
  - 如果阀式浇口，确保阀针上无残留材料
    – 开始注射前将阀针打开数秒，以熔化冷凝的塑料
- 增大或减小射出速率
- 产品设计应避免形状突变，这样才能避免熔料流动转折点可能造成的料流前沿停滞

12.12 飞边

飞边（见图 12.10）是溢出分模面的多余塑料。

图12.10　飞边

- 产生飞边的主要原因：模具有损伤；注射压力大于锁模力
- 首先要确定飞边发生在注射成型的哪个阶段
- 通常发生飞边的区域
  - 顶针附近
  - 插穿面
  - 分型面
  - 镶件处
- 熔料温度过高
  - 料温高过材料供应商推荐值，导致熔料黏度下降，材料变稀，

更容易流动

- 缩短材料在料筒内滞留时间；熔料停滞时间越长黏度越低
- 降低螺杆转速，以减少剪切热和黏度波动
- 模具温度高于材料供应商推荐温度，导致塑料稳定性超出范围，变得像水一样稀，而非橡胶般黏稠
- 塑料填充或保压压力过高
  - 确保在切换至保压状态时仅填充至 95% 的状态（VP 切换位置）
  - 保压压力过高会导致分型线处压力过高
- 产品投影面积超过相对应的锁模力
  - 切换至大吨位机台
  - 确保锁模压力超过填充末端的塑料压力
- 填充不平衡
  - 验证型腔填充的平衡性，确认浇口没有被堵塞
  - 确认加热圈和热电偶工作正常
  - 验证模具
    - 型腔的排气深度和位置是否合理；热嘴高度和浇口尺寸
  - 重新验证模内塑料黏度
    - 剪切带来的塑料黏度变化会影响填充形式；分别进行低 / 中 / 高速验证
  - 建立分段射速设定
    - 在出现飞边区域减小射速以便在低压条件下更好形成凝结层（喷泉式流动）
  - 建立分段保压压力
    - 在出现飞边区域减少保压压力，直到凝结层形成，再提高保压压力
- 锁模压力或锁模力设置不正确，需根据投影面积验算锁模力
- 查验出现飞边区域的分型面是否损坏或存在异物
- 检查模板的平行度
- 检查注塑机单点调校精度（见 3.5 节）

如果模具投影面积大于格林柱内区域面积的 2/3，应适当增大锁模力。如果模具占比小于 2/3，适当降低锁模力有助于减少模板变形（锁模力过

大，模具周围的模板会发生变形）

分型面不产生飞边时的最大平均压力如下。

分型面最大平均压力 = 锁模力/产品投影面积

例（下文中的 ppsi 指的是塑料压力）：

在一台 50 t 机台上生产一个尺寸为 3 in×5 in 的制件：

制件的总投影面积为 $3×5 = 15$（in^2）

用磅表示锁模力为 $50×2000 = 100000$（lb）。现在用 100000 除以 15（制件投影面积）= 6667（ppsi）

这说明模腔内的平均压强要超过 6667 ppsi 才会产生飞边。

想要知道模腔内平均压强，可用浇口附近的压力感应器读数加上模腔末端传感器读数除以 2，假如浇口附近为 10000 末端为 2000，那么平均压强为 6000 ppsi，所以此制件不会出现飞边，因为 6000 ppsi 低过 6667 ppsi。

如果投影面积增大或型腔数增多又会怎样呢？

假如型腔数增加 2，总投影面积就变为 30 in^2

那么不产生飞边的最大压强变为 1000000/30 = 3333（ppsi）。如果使用相同的工艺条件型腔内平均压强仍为 6000 ppsi，则 6000 ppsi ＞ 3333 ppsi，会产生飞边。

■ 12.13 流痕

流痕（见图 12.11）来源于熔料进入模腔时速度减慢。当料流从较小截面的浇口进入相对开阔的型腔截面时，料流前沿的速度会有所减缓。由此导致熔料压力和料流迟滞，以及涟漪状的流痕，此外料流接触温度较低的型腔表面也会形成流痕。当发生此类情况时需要提高料流速率以克服冻结效应。

■ 提高射出速率

■ 流痕是流动前沿流动迟缓而产生的表面波纹或指纹效应

图12.11　流痕或唱片纹

- 提高模具温度以促进流动
  - 提高模温有助于料流前沿尽快到达填充末端并开始补缩。料流前沿接触型腔表面时会开始冻结，而波纹间的熔料由于未接触模腔表面仅会发生正常收缩。这就是我们希望在冻结发生前补缩的原因，将流纹中冷却速率不同的塑料挤压在一起
- 提高熔料温度以辅助流动
  - 提高料温可以降低熔料黏度，有助于提高料流前沿速率
- 提高补缩压力
  - 提高补缩压力可使补缩在熔料表面还未冻结时进行，消除涟漪状凹痕
- 延长补缩时间
  - 延长补缩时间也将有助于消除凹痕，前提是熔料表面还未冻结

■ 12.14　热流道喷嘴流涎

　　热流道喷嘴流涎的主要原因是热流道分流板内压力过高。在制件填充或保压期间熔料在分流板内被压缩，制件完成后分流板内残留的熔料压力

并未被释放，熔料会在残余压力作用下继续从喷嘴流出。流涎外形类似 BB
枪子弹或塑料圆球，必须在注射下一模次前清除，否则可能会堵塞型腔。

- 注塑机喷嘴温度过高
  - 降低注塑机喷嘴温度，防止熔料回流主流道
- 材料中含水汽
  - 熔料中残留的水汽引起料筒内熔料压力增加，并将熔料挤进主
    流道
- 缺少泄压（后松退）
  - 料筒内在熔料在背压的作用下会被推回主流道；适当增大后松
    退可以减少流涎。注意：过多的后松退将引起熔料内出现气泡
    或银纹
- 背压
  - 核查材料供应商提供的背压范围；背压必须充足，以使熔料状
    态均匀，但背压过高也会使止逆环前熔料压力过大
- 阀针式喷嘴
  - 如果注塑机配备了阀针式喷嘴，检查其是否工作正常
  - 如果机器配备阀针式喷嘴，需要合理设定熔料前松退

■ 12.15　喷射纹

喷射纹见图 12.12。

图12.12　喷射纹

- 型腔填充速率过快
  - 熔料无法建立喷泉式流动并在型腔壁附着，进入型腔后便蜿蜒
    前行，形成蠕虫般的料流，直到抵达型腔后壁才得以附着型腔

表面。需要降低通过浇口时的射速，直到建立喷泉流动后再提高射速。

■ 熔料温度

　▨ 料温太低，熔料外层塑料不能很好地在型腔表面形成冷凝层

■ 模具温度

　▨ 模具温度太低，导致熔料不能有效附着在型腔表面

■ 模具设计

　▨ 浇口设计成扇形（图 12.13），增加对料流的阻碍以形成喷泉流动

　▨ 改变冷料井形状或增加冷料井深度，避免冷料进入浇口（图 12.14）

　▨ 改变浇口位置，促使料流前沿首先撞击型腔壁分流或由某些产品特征来改变流动形式

图12.13　扇形浇口

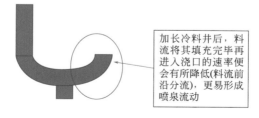

加长冷料井后，料流将其填充完毕再进入浇口的速率便会有所降低(料流前沿分流)，更易形成喷泉流动

图12.14　加长冷料井

■ 12.16 浇口残留过高

在热流道系统中，浇口残留过高是由浇口附近的塑料在固化过程中拉丝造成的。

应确保喷嘴尖在加热状态下的高度与浇口平齐（见图 12.15），这将有助于避免出现浇口残留过高的现象。

图12.15　正常的喷嘴尖高度

图12.16　喷嘴尖过低（位置靠后）

如果喷嘴尖位置太靠后（见图 12.16），塑料就会固化冻结，造成浇口残留过高或残料堆积。

在冷流道系统中，浇口必须经过切断或后处理，以获得光滑的效果和外观。对于隧道浇口和潜伏浇口，塑料会在顶出时发生剪切而折断。如果浇口不够锋利，浇口会出现破损并引起残留过高。常见的 D 形浇口（见图 12.17）只要锋利就能获得平顺断口。隧道浇口也可以是椭圆形或圆形的，但关键是要保持折断处锋利。

- 提高喷嘴温度
  - 这将保持喷嘴处塑料的温度，并让制品在开模时正常断开
- 提高开模速度使浇口能顺利断开
- 隧道浇口和潜伏浇口的折断边缘应尖锐

- 提高模温使塑料韧性更高（但要关注成型周期的变化）
- 检查浇口形状和尺寸（可能尺寸过大或已发生磨损）
- 检查喷嘴头高度是否太低

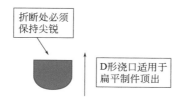

图12.17 便于折断的D形浇口

■ 12.17 喷嘴流涎

- 调整松退或回抽量
  - 增加后松退行程或提高松退速度
- 调整背压
  - 减少背压以减少螺杆前端熔料压力
- 检查熔料中的水汽
  - 水汽会导致料筒内压力增加从而将熔料推向主流道
- 合适的喷嘴形状
  - 确保喷嘴半径正确
  - 确保喷嘴孔径正确
  - 形式合适（如通用型、尼龙专用型）

■ 12.18 制件粘模

制件在动模、定模侧均有可能发生粘模，一旦发生粘模应先判断发生的位置再对症处理。

- 补缩过度
  - 降低补缩压力和时间，根据浇口冻结状况调整相应的保压时间
- 脱模斜度不够
  - 在可能情况下增加脱模斜度（脱模斜度和倒扣斜度）
- 顶出温度过高
  - 确保制件顶出时温度低于热变形温度（HDT），此时顶出不会发生变形
- 倒扣过深
  - 倒扣过深；检查制件几何形状，如果可能则适当增加脱模角度
- 主流道粘连
  - 保压时间过长，这是因为浇口冻结后保压主要作用到主流道上
- 顶出行程 / 顶针长度不当
  - 增大顶出行程
  - 顶针可能嵌入制件；顶针降低 0.005 in（0.127 mm），以便在制件上形成微凸顶出垫
- 设计不当
  - 检查模具上的倒扣部位斜度
  - 检查模具部件定位是否正确

■ 12.19   拉伤

当模具有损伤或产品无法竖直地从模具中顶出时，就可能发生拉伤。

- 模具损伤
  - 检查模具是否有损伤或存在可能引起粘模或产品变形的倒扣；检查电火花加工纹
- 保压过度
  - 如果保压过度，应力会在产品上分布不均，导致产品从型芯侧脱模时难以保持顺畅

- 设计缺陷
  - 如果产品上没有设计脱模斜度或脱模斜度过小，一旦保压过大，就会造成拉伤
- 模具温度
  - 提高顶出侧的模具温度可以减少材料收缩
- 表面抛光
  - 注意制件的表面应力；有些塑料在较粗糙的表面更易脱模，而另外的一些塑料则在光滑或高抛光的表面上易于顶出

■ 12.20 短射

短射或未完全填充即缺少足够的塑料完成型腔填充和补缩。

- 调整模具温度
  - 升高模具温度有助于熔料更好地流动以及延迟熔料冻结时间
- 调整熔料温度
  - 提高熔料温度可以降低熔料黏度（非结晶塑料效果比半结晶塑料明显），也有助于熔料流动
- 注射量不足
  - 确保螺杆并未每次都将熔料注射殆尽
    - 根据需要增加注射量，将产品填充至 95%
    - 无论注射量如何变化，同步调整切换位置，确保制件在切换时填充至 95%
- 排气不良
  - 确保排气设置合理，包括深度、长度和位置；可能存在困气，但尚未达到烧焦或烧伤程度
- 调整浇口直径
  - 增大浇口直径以提高型腔填充速率
- 填充受限
  - 如果从壁薄处向壁厚处填充，流动前沿会提前冷却，导致壁厚

区域填充或补缩困难

- 检查补缩压力
  - 应确保补缩压力足以克服型腔内部压力，避免料流前沿失速或停滞
- 提高注射速度（填充速率）
- 检查流道或排气是否有阻塞
- 检查流长比是否过大

■ 12.21 缩痕

如果注塑参数设定不当，当补缩/保压结束后塑料会继续收缩。紧贴模具的冷凝层无法抵抗塑料收缩力便会发生塌陷，在制件表面上形成凹陷（见图 12.18）。

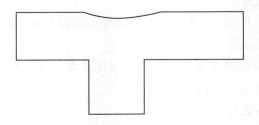

图12.18 厚壁区域的缩痕

- 注射量不足
  - 防止螺杆完全射空；如有需要则增大注射量，并同步增大切换位置以使制件在切换时填充至 95% 状态
- 产品设计不当
  - 壁厚均匀是减少缩痕的关键。应减少凸台周围以及筋位交叉处的壁厚，并避免浇口位置设置不当，迫使料流由薄壁处流向厚壁处
- 冷却不当，冷却水路数量不够或距离模面过远不能有效带走热量
- 补缩或保压压力不足

　　　▫ 增大补缩或保压压力以克服型腔内部压力
- 补缩或保压时间不足
　　　▫ 重新进行浇口冻结分析
- 改善浇口或流道设计
　　　▫ 检查浇口和流道设计；如有可能则增大浇口直径，重新确认浇口几何尺寸，以确保浇口大小合适，不会导致浇口残留
- 降低模具温度
　　　▫ 有助于型腔厚壁区域的填充
- 降低注射速度
　　　▫ 降低注射速度将减小剪切，有助于冻结层的形成
- 降低熔料温度
　　　▫ 降低熔料温度将减小塑料的冷却速率（冷却速率取决于熔料与模具之间的温差）

12.22　料花

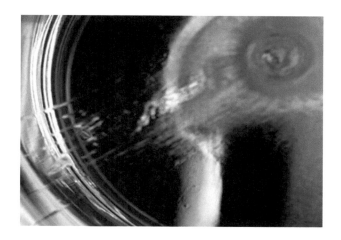

图12.19　料花

料花（见图 12.19）是由于塑料分子链断裂而引起的。熔料在加工过

程中可能由于以下原因发生降解：注射过快、背压过大、螺杆转速过高、注塑温度过高、材料在料筒内停留时间过长或是料筒温度设定高于供应商推荐值。如果材料干燥不恰当（干燥温度过低或过高）或是在烘料斗中高温烘料时间过长，也可能导致银纹。

分子链断裂示意见图 12.20。

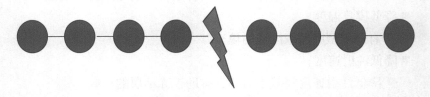

图12.20　分子链断裂示意图

- 塑料中水分过多
  - 水分过多会导致材料降解或破坏塑料分子结构。水分来自哪里？塑料干燥得是否合适？进料口处是否结露？
- 熔料温度过高
  - 熔料温度过高会导致塑料降解或者材料分子链结构破坏
- 剪切热过高
- 塑料以外的水分来源
  - 水分会导致材料降解并破坏分子结构
  - 模具表面的水汽
  - 进料口附件的水汽
- 如果加工不当，某些材料在成型期间也会产生水；聚碳酸酯（PC）和尼龙就是典型的例子

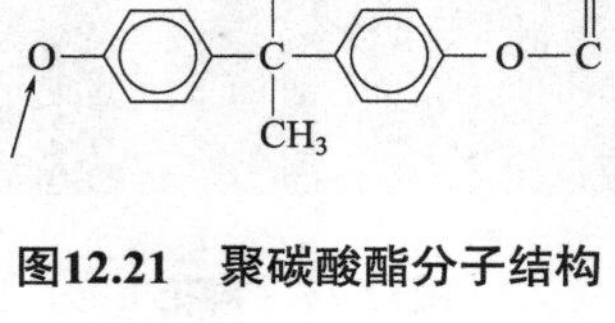

图12.21　聚碳酸酯分子结构

图 12.21 展示出聚碳酸酯分子结构。水分子会与 PC 分子中的 C—O 键发

生反应，从而破坏分子链。类似的情形也会发生在尼龙分子链中（图 12.22）。

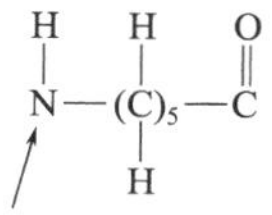

图12.22　尼龙分子结构

■ 12.23　主流道粘模

- ■ 注塑机喷嘴孔径大于浇口套孔径
  - ▫ 更换喷嘴，喷嘴孔径应小于浇口套 0.40 ～ 0.80 mm
- ■ 主流道锥度不够
  - ▫ 增大主流道锥度
    - − 主流道的脱模斜度至少为 2°
    - − 增大锥度会增加主流道尺寸和体积，随着塑料质量的增加，可能需要更长的冷却时间
- ■ 浇口套损坏
  - ▫ 使用锥形铰刀清理主流道，并确保孔径不可过大，否则将需要更长的冷却时间和成型周期来固化塑料。如果浇口套孔径有所增加，喷嘴孔径也应增加，以提高熔料流量和减少压力损失
- ■ 主流道补缩过度
  - ▫ 补缩时间过长
    - − 在制件冻结后仍持续补缩，未固化熔料在压力作用下进入主流道
    - − 重新进行浇口冻结分析，输入合理的补缩时间
- ■ 调节喷嘴温度
  - ▫ 适当提高喷嘴温度，以保证喷嘴紧靠模具时熔料不会固化
  - ▫ 考虑在喷嘴和模具之间加装隔热板（可以是纸板或纤维板）

■ 浇口套圆弧面损坏

  ■ 注射单元完成注射离开模具后，当喷嘴再次靠近并紧贴模具时应特别谨慎，这是因为热流道分流板的压力作用，总会有些熔料外流，如果夹在浇口套和喷嘴之间，就会造成圆弧面损坏

  ■ 在重修圆弧面半径时，务必保证圆弧半径准确，应为 12.7 mm 或 19.05 mm

■ 12.24 外观缺陷

首先必须充分了解造成表面缺陷的根本原因是什么。它们是由料流带到了制件表面的缺陷，还是模具的表面缺陷转移到了制件表面？

■ 熔料温度太低

  ■ 过低的熔料温度会导致熔料黏度升高（熔料变稠），从而引起熔料前端变冷并产生迟滞效应

■ 模具温度过低

  ■ 模具温度过低会造成制品表面暗淡；应提高模具温度以改善外观

■ 补缩不足

  ■ 补缩不足的制件由于表面收缩，无法与模腔表面贴合，故与补缩正常的制件外观面有所不同

■ 填充速率过低

  ■ 通过提高注射速率，使熔料更易形成表面冻结层，避免形成喷泉流纹或拇指痕，这些缺陷通常在射速太慢时发生

■ 模具表面受污染

  ■ 检查模穴表面是否粘有水汽或油污；同时确保顶针、斜顶、滑块和脱螺纹型芯等滑动部件上的油脂不会泄漏到模腔表面上

■ 熔料体积不够

  ■ 制件补缩不足导致表面无光泽

■ 排气不足

  ■ 气体被困在型腔内，造成制品表面的薄膜或雾状物

- 材料中有水汽
  - 会产生料花痕
- 模具型腔抛光不够
  - 确认模具开始抛光时表面质量符合要求，并且抛光不会对最终表面质量产生不良影响

■ 12.25 空洞

当塑料冷却而外层已经固化且失去流动能力时，就会出现空洞。此时中心层塑料继续冷却和收缩，它实际上已与外层撕裂，在制件内部产生像气泡似的缺陷，而这种缺陷大都发生在厚壁区域，见图 12.23。

图12.23　由于收缩或塑料撕裂而产生空洞

消除空洞最简单的方法是对塑料制品加热。加热时分子链会松弛且重新缠绕在一起，这样空洞就会收缩。

- 补缩 / 保压压力过低
  - 增大补缩 / 保压压力，通过将更多熔料补缩进型腔，最大限度地减小收缩；型腔内塑料越密实，收缩量就越小
- 补缩 / 保压时间太短
  - 增加补缩 / 保压时间，以最大限度地减少塑料收缩，促进浇口冻结，防止塑料从制件中逸出
- 模具温度过低
  - 提高模具温度会降低塑料冷却速率，并最大限度地减少制件内外层收缩不同导致的应力；对于厚壁制件更是如此
- 浇口尺寸过小
  - 增大浇口尺寸可达到更好的补缩速率，并维持足够的补缩料量

以避免过早冻结
- 流道尺寸太小
  - 增大流道尺寸，可帮助熔料更好地到达浇口而不发生冻结
- 产品设计不当
  - 重新进行零件设计，减小产品壁厚或将浇口更改到厚壁区域，避免从薄壁处填充到厚壁处，因为这样的设计会使薄壁区域先冻结，增加厚壁区域的补缩难度

■ 12.26 翘曲

翘曲（见图 12.24）的简单定义就是由收缩量差异引起的产品变形。翘曲是最难解决的缺陷之一。首先，我们需要理解收缩量存在差异的原因。是由于存在与分子排列方式相关的定向收缩还是过度补缩或补缩不足引起不均匀的压缩性收缩，或者是由于零件（厚薄不同的区域）内部冷却速率不同造成的拉伸性收缩。

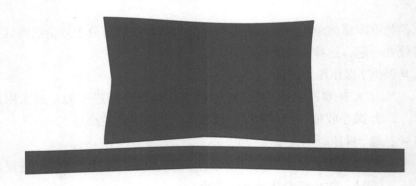

图12.24 典型的翘曲形式

- 塑料顶出温度过高
  - 产品顶出时温度必须低于 HDT（热变形温度），此时零件强度已能够稳定地承受顶出力。必须注意的是，即使模具两侧设定

的温度相同，模具结构特点也可能导致两侧温度存在差异

- 模具温度不均
  - 模具两侧温度的不同会造成收缩速率不同，从而导致收缩量不同。即使制件脱模后，仍然会朝向高温的一侧收缩
- 收缩率不一致
  - 由零件中残留热量不同引起的。如壁厚不均的零件，高温区域会继续收缩以致翘曲
- 补缩 / 保压时间或压力设置不当
  - 补缩 / 保压的压力大小或时间长短会导致收缩量的改变。由于远离浇口区域所受的保压影响会小于浇口附近区域，所以有时必须对补缩 / 保压压力进行分段设定，以平衡零件内的补缩速率差异
  - 零件的收缩率在流动方向和垂直流动方向上并不总是相同的。这就是所谓收缩的各向异性，尤其在半结晶材料中（各向同性收缩，就是在两个方向上收缩相同，一般出现在无定形材料中）。这种异向性与分子取向以及聚合物分子链中的晶体分布有关；晶体在流动时被拉伸，而冷却时就会像弹簧一样收缩
- 剪切速率的影响
  - 提高填充速率将导致填充末端温度高过流经浇口时的温度；降低填充速率将使整个零件的熔料温度趋于均匀
- 顶出系统设计不当
  - 零件顶出时如受到不合适或不平衡的顶出力也会造成翘曲
- 浇口位置不当
  - 改变浇口位置可以改变熔料分子的取向性
- 原料粒子选择
  - 使用较低收缩率的原料；收缩率越低，则由不同收缩导致的翘曲也越少
- 冷却时间不足
  - 增加冷却时间有助于减少塑料的收缩差异

■ 12.27 熔接线

熔接线常常出现在两股料流绕过制件上某些几何形状后重新汇聚的地方。虽然料流前沿互相接触，但中心层却会发生短暂迟滞。一旦出现滞料，熔料便开始冷却，形成冻结层；较高的熔料温度会产生较好的补缩效果，但塑料分子链的取向不会重叠，于是就产生了强度较差的熔接点或熔接线。

- 熔料温度偏低
  - 提高熔料温度，让两股料流前沿更好地熔合，但需要注意不要超出材料的降解温度
- 模具温度偏低
  - 提高模具温度，让料流前沿更好地熔合
- 填充末端压力不足
  - 如果填充末端压力偏低，提高保压压力可使两股熔料前沿更好地熔合；这样温度最高的料流前沿会在型腔壁相遇，这些区域也将获得最大保压压力
- 困气
  - 在填充末端增加排气可使两股熔体前端更好地结合。应确保排气位置正确，位置不当的排气起不到排气作用
- 填充速率过慢
  - 熔料流动前沿无法到达填充末端，熔料距离浇口越远越容易冻结。确保塑料剪切变稀的属性发挥作用。提高填充速率会让料流前沿温度升高，增大剪切变稀的效果，从而提升结合线的强度
- 填充距离过长
  - 填充距离不宜过长（L/T，长度比壁厚，应该小于 250∶1），如果 L/T 大于 250∶1，通常被视为薄壁成型。可以减少流长比或者增加新的浇口，当然这样可能又会产生新的熔接线
- 浇口位置不当
  - 浇口应设在熔接线形成后两股料锋仍能继续流动的位置上

- 改变制件厚度
  - 增加制件部分位置的壁厚。随着流动形式（填充引导）的变化，熔接线（见图 12.25）位置可能也会随之改变

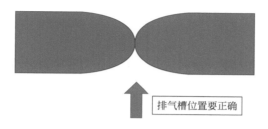

排气槽位置要正确

导致熔接线脆弱的原因是料流前沿的分子链无法真正熔合

图12.25　熔接线的形成

设定表中的重要内容

四变量：熔料温度、熔料流速、熔料压力和塑料冷却。

（1）熔料温度

① 熔融温度　熔融塑料的温度，而不是料筒里的温度。

② 储料时间　冷却结束前螺杆回退的时间，以及被剪切和加热材料量。

③ 背压　保证螺杆前端材料压缩和螺杆回退所需压力是否稳定。

④ 注射量　以立方英寸或立方厘米计算，和剪切速率相关的概念。

⑤ 计量延时　设定一定量的螺杆延时，保证止逆环在螺杆开始转动前压力有所释放。这有助于降低止逆环损坏的风险，也可在螺杆快速回退时减少滞料时间。

（2）熔料流速

① 填充时间　匹配填充时间，保证机台大小或料筒尺寸发生变化时，塑料的流速不变。

② 仅填充产品重量　一旦填充重量确定，每次重新设定时都应使用这个数据，这将有助于建立稳定工艺。

③ 型腔填充压力　型腔填充压力是熔料 95% ～ 98% 填满型腔时进行切换的压力。

④ 空射压力　空射前应装上清料盘，机台调至半自动或自动循环模式。机台在手动模式清料时压力会有所降低。

（3）熔料压力

① 切换压力　机台从速度控制转换成压力控制时的压力。

② 补缩压力　产品补缩时所需的压力。

③ 补缩时间　在补缩压力下从补缩开始到熔料无法再进入型腔所需要的时间。

④ 保压时间　浇口封闭或冻结而且产品尺寸达到稳定状态所需要的

时间。有时浇口无需彻底封闭。

⑤ 保压压力　产品完成补缩达到尺寸稳定所需的压力。

⑥ 浇口封闭时间　浇口实现封闭所需的时间。

⑦ 最终产品重量　需要记录工艺优化完成且产品尺寸合格后的产品重量。这对后期的故障排除有所帮助。如果产品变轻了便是补缩不足，而重了则是补缩过度。

（4）塑料冷却

① 进水温度　进入模具的冷却水温度。

② 出水温度　流出模具的冷却水温度。进出模具的冷却水温差应小于或等于 4 ℉（2.2℃），对于重要零件应小于或等于 2 ℉（1.1℃）。这才能保证热量能被充分地带出模具。

③ 冷却时间　产品稳定达到可顶出状态所需的时间。

④ 冷却水流　每根冷却水路中流过的水流量，以 gal/min（GPM）或 L/min（LPM）计算。

⑤ 成型周期　应满足报价中的周期。

⑥ 锁模力　可从产品的投影面积以及材料供应商提供的材料锁模力因子计算得出。

最后还有一些需要的信息：

① 注射量　以 in 或 mm 记录。

② 切换位置　机台从第一段压力切换到第二段压力的位置，或者从填充到补缩/保压切换的位置。

③ 喷嘴直径　喷嘴的开口直径。当模具在不同机台间转移时，该直径应尽量保持不变，否则压力切换位置会发生改变。

④ 模具编号。

⑤ 材料型号。

⑥ 型腔数。

⑦ 日期。

⑧ 颜色。

⑨ 产品名称。

14 常用的单位换算及公式

■ 14.1 单位换算

长度

1 in = 25.4 mm

1 in = 2.54 cm

1 in = 0.0254 m

1 ft = 304.8 mm

1 ft = 30.48 cm

1 ft = 0.3048 m

1 mm = 0.03937 in

1 cm = 0.3937 in

1 μm = 0.001 mm

1 μm = 0.0000394 in

压强

1 psi = 0.06894757 bar

1 bar = 14.5 psi

1 MPa = 145 psi

1 MPa = 10 bar

角度

1° = 0.01745 in/in

0.75° = 0.0130875 in/in

0.5° = 0.008725 in/in

0.25° = 0.0043625 in/in

体积

1 cm^3 = 0.06102374 in^3

1 mm^3 = 0.000061023744 in^3

1 in^3 = 16.387 cm^3

1 cm^3 = 1 g（水）

重量

1 lb = 453.6 g

1 lb = 16 oz

1 g = 0.035 oz

1 oz = 28.35 g

1 t = 2204.6 lb

面积

1 in^2 = 645.16 mm^2

1 in^2 = 6.4516 cm^2

1 mm^2 = 0.00155 in^2

1 mm^2 = 0.01 cm^2

1 cm^2 = 0.155 in^2

1 cm^2 = 100 mm^2

温度

$℉ = （℃ × 1.8） + 32$

$℃ = （℉ - 32）/1.8$

■ 14.2 注塑成型常用公式

$$体积注射量 =（螺杆直径 × 螺杆直径 × 0.7854）× 螺杆行程$$

$$预期填充时间 = \frac{（注射量 + 松退量）- 切换距离}{填充速率或填充速度}$$

$$实际填充速度 = \frac{（注射量 + 松退量）- 切换距离}{实际填充时间}$$

$$机台量大锁模力 = \frac{锁模油缸截面积 × 最大油缸压强}{2000英磅（1吨）}$$

$$分型面无飞边的最大压强 = \frac{锁模油缸截面积 × 最大油缸压强}{产品的投影面积}$$

$$模具所需锁模力 = 产品投影面积 × 单位面积锁模压强$$

$$熔体流动速率（Q_p） = \frac{螺杆截面积 × 螺杆行程}{填充时间}$$

$$注射量 = 螺杆截面积 × 螺杆行程$$

$$注射速度线性度 = \frac{预期填充时间 - 实际填充时间}{预期填充时间} × 100$$

"三角形"计算公式：应用"三角形"计算公式可以便捷地用其中的两个变量计算出另一个变量，见图 14.1～图 14.4。

例：如图 14.1 中要求距离，公式为：

$$距离=时间 × 速度$$

如果要求时间，则：

$$时间=距离/速度$$

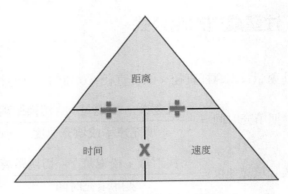

图14.1 距离、时间和速度计算公式

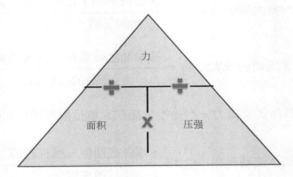

图14.2 力、面积和压强计算公式

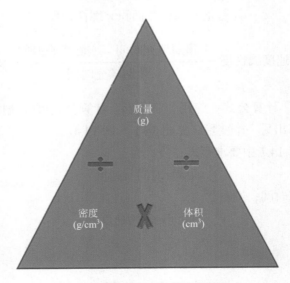

图14.3 质量、密度和体积计算公式

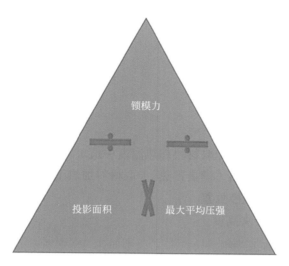

图14.4 锁模力、投影面积和最大平均压强计算公式

15 注塑机设定

第1步：螺杆加热（取材料加热温度中值）

第2步：模具加热（模具预热）（取材料加热温度中值）

第3步：调整锁模位置

① 调节模具装夹高度。

② 调节开距。

（a）开距（调节最佳开距和安全开距）。

（b）速度（调节最佳速度和安全速度）。

（c）压力。

③ 调节合模距离。

（a）速度（调节最佳速度和安全速度）。

（b）压力（设定低压）。

（c）锁模力。

（Ⅰ）测算产品和流道的投影面积。

（Ⅱ）投影面积乘以每平方英寸2～5吨的压力（根据不同材料）。

（Ⅲ）降低锁模力直至出现飞边，再增加锁模力直至飞边消失。

（d）设定模具低压保护　用一张名片检查。

第4步：调节顶针位置

① 速度（调节最佳速度和安全速度）。

② 距离。

③ 压力。

④ 顶出次数（尽量保持一次）。

第5步：调节熔料计量值

注意：设定注塑压力峰值为机台最大压力值，保证没有压力限制；但也要注意避免模具产生飞边；用安全的初始设定公式计算注射量。

① 注射量（见公式）。

（a）设补缩和保压压力为零。有些机台无法设为零，必须输入最小值。

（b）安全起见，将注射速度设在中值。

（c）在不产生飞边的前提下设定最大切换位置。

（d）设定有 5% ～ 10% 料垫的注射量。增大螺杆行程以提高注射量，目视保证 95% 的填充量。

（e）螺杆转速（RPM）：尽量提高螺杆转速以保证冷却结束前螺杆完成松退。

② 设定背压：500 ～ 1000 psi。

③ 设定螺杆 6 mm 的松退量以减少喷嘴流涎，需了解止逆环的移动极限（止逆环最大相对移动距离）。

第 6 步：重做黏度测试

① 确定适合模具的最大注射速度，如果机台原设定注射速度为 100 in/s，应确认有无必要那么快。

② 设定机台的注射压力峰值（上一个测试中已有此数据）。

③ 在最快的注射速度下找到 95% 满射的切换位置。

（a）设定自动模式。

（b）分 10 挡降低射速。

④ 从最大注射速度开始绘制黏度曲线。

（a）至少要有 10 组数据。

（b）例如：最大注射速度为 5.0 in/s，可分成 0.5 in/s，十等分。

（c）最后几组数据间距还可降低，比如 0.2 in/s 或填充时高于 6 s，这样绘制的曲线就比较光滑。

（d）找到最佳形状的曲线（见黏度曲线绘制程序）。

⑤ 每种注射速度下每个型腔采集 3 模样品，两个射速间也可采集 2 模样品。

⑥ 把结果绘制成曲线　在曲线最平缓的部分选择最佳注射速度（见第 6 章），这样就保证了注射速度的变化对材料的黏度影响最小。

第 7 步：动态止逆环泄漏测试

① 黏度测试结束后，取十模填充 95% 并带流道的样品。

② 制作表格。

第 8 步：注射速度线性测试

使用黏度测试的数据和曲线。

第 9 步：载荷敏感性测试

① 选取最佳的填充压力和速度。

② 后退料筒，安装清料盘。

③ 推进喷嘴与清料盘接触，将射台位置归零。

④ 将机台设为半自动或自动运作模式，注射一模。

⑤ 采集空射的填充时间和切换压力。

第 10 步：多型腔平衡测试

① 从黏度测试曲线上选取注射速度打满 95% 产品，所有型腔的喷嘴温度必须相同。

② 所有产品都为短射件（95% 填满或更少）。

③ 每个型腔注射三模样品。

④ 人工调节各个型腔的温度以达到填充平衡（对新模而言）。

注意：新模具温度设定值不要超过 25℃。

⑤ 用三模样品称重并完成表格。

第 11 步：浇口封闭测试

注意：确认选取的补缩和保压压力为切换压力的 50%。

① 补缩和保压时间设为零，充满型腔 95%。

② 设定补缩和保压压力为填充压力峰值的一半。

③ 根据表格改变保压时间。

注意：增加保压时间，减少螺杆延时时间和冷却时间。

④ 去除流道的每模产品称重。

第 12 步：静态止逆环泄漏测试

① 浇口冻结时间优化后选取 5 个料垫位置。

② 绘制止逆环泄漏表。

第 13 步：冷却时间测试

① 降低冷却时间直到产品发生变形或功能性丧失。

② 用高温计测量产品温度（HDT）。

第 14 步：工艺窗口测试

① 设定最佳浇口冻结时间。

② 根据黏度测试设定最佳注射速度。

③ 寻找补缩和保压压力范围。

（a）降低压力直到发生缩痕或短射，然后适当调高压力（50 ～ 100 psi 或 500 ～ 1000 ppsi），于是得到低压极限。

（b）增加压力直到产生飞边，过程中需注意以免损坏模具。适当调低压力（50 ～ 100 psi），便得到高压极限。

（c）这样自然形成了工艺窗口以及中心线位置。

④ 设定至少 0.5 s 的螺杆回退延时。

⑤ 寻找冷却时间范围。

（a）降低冷却时间直到产品出现缩痕或变形，这是冷却时间下限。

（b）下限加 1 ～ 2 s 设为中值，再加 1 ～ 2 s 设为上限。

（c）需确保螺杆复位时间不会对冷却时间产生限制。螺杆应在冷却结束前 1 ～ 2 s 复位。

第 15 步：熔料滞留时间测试（1 ～ 3 min 内最为理想）

- 如果滞留时间少于 1 min，从喷嘴到进料口的料筒温度曲线会前低后高

- 如果滞留时间介于 1 ～ 3 min，温度曲线趋于平直

- 如果滞留时间超过 3 min，从喷嘴到进料口的料筒温度曲线会前高后低

最终的安全要点：

- 设定的切换位置 / 注射量应保留 5% ～ 10% 的料垫

- 设定注射时间上限比填充时间多 0.1 s

- 设定注射压力比实际切换压力高 10%

- 设定总成型周期比实际成型周期长 10%

- 实测熔料温度

16 影响公司业绩的因素

成型周期过长：成型周期会对公司的盈利状况产生重大影响。

成型周期增加 10%，公司的利润就会下降 50%。反之亦然。

封闭型腔：封闭个别型腔会大幅度降低公司利润，因为生产同样数量的产品需要更长的时间。封闭型腔也会造成塑料在模具内的流动方式发生变化，造成产品尺寸的不稳定。

意外停机：只要模具卸下机台，无法连续生产合格产品就被认为是停机。包括换模、模具维护、材料异常或工艺故障。

报废成本：一旦产品报废，就要花时间将它们先分拣出来，再重做，都会花费时间和金钱。每一个废品的成本需要四个合格品才能抵消。

车间操作员工作环境欠佳：大家工作的工序效率高吗？ 有足够的盒子或包装箱盛放成品吗？ 模具和工装能否满足生产高质量产品的需要，能否避免二次加工？

车间操作员每天操机 8 ～ 12 h，工作强度非常大。任何能够缓解疲劳和简化工作程序的措施终将极大地提高产品质量。

术语与释义

背压（back pressure）：由注塑机液压油缸末端产生的液压压力，在和螺杆前部受到的注射压力相互作用后，推动螺杆后退，否则螺杆便停止不动。

标准模具（unit mold or die）：可以快速更换型腔部件的模具。

玻璃化转变温度（glass transition temperature）：非结晶性（无定形）聚合物从脆性（玻璃态）向高弹态转变的温度区间近似中点，用 T_g 表示。

玻纤增强材料（fiberglass reinforcement）：增强塑料的主要添加材料，有片材、散状和织物状等。玻纤可以和热固性以及热塑性材料结合，用来提高产品的机械强度、抗冲击性、刚度以及基体的尺寸稳定性。

补缩（packing）：模腔填充的最后阶段，由此建立合理的型腔内压力分布，以实现适当的表面光洁度、尺寸和物理性能，并避免产生由于补缩过度引起的飞边和型腔内产品粘连。

槽深（flight depth）：螺杆槽的深度。注塑螺杆槽在送料段窄而深，计量段宽而浅。

差异（variation）：本应相同的事物之间存在的不同点。

长径比（L/D ratio）：螺杆有效长度和外径的比例。建议长径比取 20∶1 以确保原料有足够的滞留时间进行彻底混合。

循环过程（cycle）：由模具夹紧、注射、补缩、保压、开模到顶出组成的完整注塑流程。

成型周期（molding cycle）：完成产品成型所需的时间。在注塑成型中，周期从模具闭合开始，到模具打开产品顶出为止。

尺寸稳定性（dimensional stability）：注塑件成型后保持形状和尺寸精度的能力。

冲击强度（impact strength）：抗冲击的能力。

冲击试验（impact test）：测量冲击性载荷使标准缺口杆断裂需要的

能量。

填充物（filler）： 加入塑料使其成本降低的材料。充填物有玻璃纤维、滑石粉或其他充填物质，它们会改变塑料的特性。

排气式料筒（vented barrel）： 带有可排出挥发物或湿气的料筒。

排气式螺杆（vented screw）： 第二级可排出挥发物和水汽的两级螺杆。

导套（guide pin bushing）： 合模时与导柱配合的衬套。

导柱（guide pin）： 合模时引导动定半模对齐的部件。

点浇口（pinpoint gate）： 直径小于1mm的浇口。该类小尺寸浇口可缩小注塑件剥离时留下的印迹。

叠模（stack mold）： 具有两套动定模芯并互相叠加而成的双层模具，可用作高腔模具进行注塑生产，最大限度地减少了对锁模力增加的要求。由于力的相对作用，通常锁模只需增加15%。

顶出（ejection）： 以机械、液压或气压的方式将注塑件移出模具的动作。

顶出联动杆（knockout bar）： 固定和推动模具中顶针板的钢杆，用于从模具中顶出注塑件。

顶杆（knockout pin）： 从模具中顶出注塑件的圆形针。

顶针板（ejetor plate）： 模具中用以安装顶针的金属板；在顶出过程中通过导向系统对顶针和产品施加均匀的顶出力。

顶针板油缸（ejection ram）： 连接并推动顶针板的小油缸。

定模板（stationary platen）： 卧式或立式注塑机上紧靠喷嘴的模板。成型时该模板不发生移动。

定位环（locating ring）： 用于模具前半模或后半模与注塑机动模板或定模板之间定位的圆环。

芯杆（core pin）： 在注塑件上用作孔成型的镶针。

动态段（dynamic）： 型腔填满前的塑料流动阶段。

动态压力（dynamic pressure）： 模具型腔填充过程中建立起来的压力。

多级螺杆（multiple stage screw）： 具有螺旋形变化表面的挤出机或注塑机的螺杆，可完成特定的功能，如进料、混合和计量。

发泡剂（blowing agent）： 用于塑料粒子发泡的添加剂。当加热到一定温度，发泡剂便会产生大量气体，在发泡塑料内部形成微孔。

反向温度分布曲线（reverse temperature profile）：料筒后高前低的温度设定。

防静电剂（antistatic agent）：一种掺入塑料粒子的添加剂或施于塑料产品表面的物质，用以消除或减少塑料件上的静电。也可附着在塑料件表面作为润滑剂。

飞边（flash）：当模具有损伤或注射压力超过了锁模力时，在注塑件分型面附近出现的多余塑料。

料花痕（splay marks）：存在或滞留在塑料中的气体或液体渗透到模具表面上，然后沿着塑料流动方向或朝向排气口窜动而留下的痕迹。塑料部件表面上留下的瑕疵。

分型线（parting line）：动定模芯和塑料汇合的部位。

分子（molecule）：物质中可独立存在并具有原物质特性的最小单位。分子是由多个原子组成的。

分子量（molecular weight）：分子中原子的总重量。

干燥剂（desiccant）：一种吸水材料，放置在干燥装置里的干燥床中，以除去通过干燥器空气中的水分。

刚度（stiffness）：受力时抵抗弹性变形的能力。

高温计（pyrometer）：用于读取温度的装置，由一个读出设备和一个传感器组成。

拉杆（tie bar）：在成型机中，将固定压板和液压夹紧机构连接在一起的柱子。夹紧模具时，拉杆会抵抗由于液压缸夹紧在动、定半模之间产生的应变。

各向同性（isotropic）：即使应力施加的方向不同，各向同性材料的反应也是相同的。材料整体的应力强度比是均匀的。

各向异性（anisotropy）：材料具有对不同方向施加的载荷响应不同的特点，尤其是各个方向上的流动特性不同。

共聚物（copolymer）：两种化学成分不同的单体通过化学反应而生成的化合物。

固化时间（cure time）：注塑成型时，塑料产品温度降到可以顶出而不发生热变形所需的时间。

料斗干燥器（hopper dryer）：将热塑性塑料加料和烘干结合的料斗。

干热空气穿过料斗，将料粒中的湿气吹出。

回用料（regrind）：用流道或报废产品打碎而成的副产品，可用来掺入新料或作为废料出售。

混料（compounding）：将高分子材料和其他材料混合生产出用户所需粒子的工艺。

力学性能（mechanical property）：包括模量、强度、抗冲击性、硬度和伸长率。

加热浇口套（hot sprue bushing）：带加热元件的浇口套，用来保持熔料的温度。这种安装在模具上的浇口套为熔料提供了注塑机喷嘴和模具型腔之间的保温通道。

管式加热器（cartridge heater）：圆筒状的电加热器。用于为注塑成型模具、喷嘴、热流道系统或热压成型模具加热。

加热圈（heater band）：注塑机或挤出机上为料筒和喷嘴提供主要热源的电加热器。

剪切强度（shear strength）：材料能够承受的最大剪切应力。

剪切热（shear heating）：塑料材料内部以及和注塑机料筒壁之间滑动产生的热量。

降解（degradation）：塑料外观或物理性能反映出来的化学结构变化。多数情况下这是由于材料在高温料筒里滞留时间过久或材料处理不当造成的。

浇口（gate）：注塑过程中，熔料通过流道进入型腔的通道。由于尺寸小，通常这里的塑料会首先发生固化。

浇口套（sprue bushing）：塑料从注射单元通向流道的通道或进胶孔。

浇口印（gate mark）：浇口留在注塑件上的斑痕。

结晶温度（crystallization temperature）：结晶性塑料粒子受冷开始结晶的温度。

结晶性（crystallinity）：某些树脂中的分子结构决定了分子链的均匀性和密实性。该特性可归因于具有确定几何形状的固态晶体存在。

结晶性聚合物（crystalline polymers）：聚合物的有序区域内有一定程度的分子链排列和紧密连接。

静态（static）：不存在流动，如补缩阶段不发生料流。

静态压力（static pressure）：补缩和保压阶段不发生料流但压力继续上升。静态压损很大。

橘皮纹（orange peel）：塑料件类似橘皮的不平整表面。

聚合（polymerization）：单体分子连接形成聚合物的化学反应。

聚合物（polymer）：由许多小分子单元（单体）连接在一起组成的高分子量化合物。

均聚物（homopolymer）：由一种单体聚合形成的聚合物。

抗冲击性（impact resistance）：材料在断裂前吸收能量的能力。

耐溶剂性（solvent resistance）：塑料在溶剂中抵抗膨胀和溶解的能力。

空洞（voids）：由于注塑件冷却过程中收缩引起的未填充空间或真空孔穴。

空射（air shot）：由机台的喷嘴将熔融塑料射入空中的做法。

拉紧油缸（pull-in cylinder）：注塑机上的液压缸，通过向前拉动注射单元托架将喷嘴保持在浇口套上。该油缸在清料和关机时会拉回喷嘴。

拉料杆（sprue puller）：从浇口套中拉出料头的特制顶针。

拉伸强度（tensile strength）：拉伸试验中试样失效前能够承受的最大拉应力，通常以 psi 表示。计算的截面积为原始样件在断裂点的截面积，不会因断裂而缩小。

蓝丹（bluing）：一种转印制剂，用于验证模具碰穿面的贴合状况。当合模并加载一定的合模力时，转印剂或蓝丹便会转印到贴合面的另一侧。蓝丹的厚度很重要：涂层太厚可能造成误判。

冷却夹具（cooling fixture）：产品从模具中取出后，为保持其形状和尺寸精度而进行反变形加工时所用的夹具。

冷水机（chiller）：一个由冷却系统和配有冷却液泵和储液箱的独立系统。冷水机能够维持比冷却塔更低的水温，以增加冷却速率和减少冷却时间。

力传感器（transducer force）：测量力的装置。它具有能输出电信号的特征，当试样沿着传感器敏感轴放置时，可用来测量载荷、力、压缩量、压强等数据。

料垫（cushion）：填充 - 补缩和保压结束后螺杆前端的熔料残留量。

料斗（hopper）：注塑过程中，为螺杆提供注塑原料的容器。

料斗搅拌器（hopper blender）：可混合多种材料，如原生树脂、再生料、发泡剂、填料和着色剂。待混合的材料按比例计量后倒入混料仓，然后送入进料口。

料流（flow）：塑料的流动；流动性的度量。

料筒（barrel）：注塑机上的圆筒形或管形部件。在圆筒形内部空间里塑料粒子由固体转化为黏稠熔料。料筒内部还装有往复式螺杆或活塞。

料筒容量（barrel capacity）：螺杆或柱塞单次射出的最大熔料重量。

流变学（rheology）：关于流动的研究。

流痕（flow mark）：注塑成型时两股料锋汇聚并熔合而产生的独特印迹。

流痕线（flow line）：注塑件在两股料锋汇聚的位置形成的线。

流涎（drooling）：喷嘴、主流道或浇口在注塑过程中的材料滴漏。

螺槽面（flight）：挤塑或注塑成型用螺杆金属螺旋脊的外表面。

螺杆（screw）：具有螺旋表面并在料筒中旋转的轴，以机械方式加工和推进制备好的材料，进行挤出成型或注射成型加工。

螺杆计量段（metering section of the screw）：注塑过程中，螺杆深度较浅并完成熔料最后塑化的区段。

螺杆螺旋线（screw flight）：挤出机或注塑机螺杆的螺旋线。

螺杆送料段（feed section of the screw）：螺杆上的第一区段，接收并向前运送由料斗和进料口供给的料粒。

螺杆速度（screw speed）：挤出机或注塑机螺杆每分钟旋转圈数（r/min）。

螺杆头（screw tip）：螺杆顶部将熔体推入模具的装置，包括防止熔体回流的止逆环。

螺杆延时（screw delay time）：补缩阶段结束螺杆回转前停滞的时间。

螺杆转换段（transition section of the screw）：塑化螺杆上进料和计量之间的部分，其中塑料呈固体和熔体并存的状态。

盲孔（blind hole）：在产品上由注塑或钻孔形成的非贯穿孔。

模板（platen）：注塑机上用来装夹模具的钢板。常用的模板有三块：定模板、动模板和尾架板。

模板间距（daylight opening）：模具开启后能安全顶出产品的距离。

注射量（shot）：固定注塑周期内所注射的材料量。

模架（mold base）：将型腔或型芯固定在模具中的精密钢板组件。提供熔料被注射入型腔并在固化后被顶出的载体。

模具（tool）：在注塑成型行业里，该名称常用来表示模具。

模具厚度（mold height）：模具装夹在注塑机模板间的总厚度。

黏度（viscosity）：流体流动阻力的度量（通过特定直径的小孔或旋转式黏度计测量）。绝对黏度的单位是泊（poise）（或厘泊，centipoise），而运动黏度则用斯托克斯（stokes）表示。

排气槽（vent）：模具上的浅通道，可排出熔料进入型腔时所产生的空气、气体或挥发物。

喷射（jetting）：由浇口设计不当和流动速率过快引起的不稳定流动。无法形成喷泉流动，它看起来像塑料部件上未完工的工作轨道。

批次（lot）：一次生产出的塑料粒子。

疲劳强度（fatigue strength）：材料在无限多次循环载荷作用下能够承受的最大周期性外力；因疲劳而失效后的残余强度。

歧管（manifold）：由单通道分流到多通道，把流体供给多个区域的结构。如聚合物的热流道系统或用于模内冷却的水歧管系统。

气泡（bubble）：注塑件中困顿的气体或空气。气泡（bubble）被熔流裹挟并困顿于塑料件中。它与产品表皮下的气泡（blister）有别，也与由于产品内部冷却收缩引起的真空空洞（void）不同。塑料的空间被空气挤占。

潜伏浇口 / 隧道浇口（submarine/tunnel gate）：潜伏浇口在顶出时将注塑件与浇注系统分离。浇口位置介于流道和型腔之间，且低于分型面（传统的侧浇口是加工在分型面上的）。

嵌件注塑（insert molding）：将诸如端子、线脚、螺柱和紧固件等部件嵌入注塑件注塑的工艺。

强度（strength）：材料在断裂或屈服前承受的最大载荷。

增强材料（reinforcement）：用来增强另一种材料的性能或提高其尺寸稳定性的材料。

翘曲（warpage）：由内应力引起的不均匀收缩所造成的变形。

亲水性（hydrophilic）：带有极性基团的分子对水具有的亲和能力。

清机（purging）：注塑成型时，用不同颜色材料或新材料将已经污染的原料清除出料筒的过程。

清机料（purging compound）：用来将已污染原料清除出注塑机的化学混合物。

肘节（toggle）：通过向曲轴连接施加压力的一种机构，用在注塑机上闭合并夹紧模具。

取向（orientation）：塑料制品中的分子排列，是由塑料流动或受热时拉伸所造成的。

染色剂（colorant）：着色塑料用的染料和颜料。

热变形温度（heat deflection temperature，HDT）：塑料开始变形的温度。

热电偶（thermal couple）：一种由两根不同金属或合金导线回路组成的装置，两个结点的温度有差异。由于该温度差产生了净电动势（emf），微小的电动势或电流足以驱动检流计或放大器。

热固性塑料（thermoset）：通过加热或化学方法固化后，即变成基本不熔化和不溶解的塑料。热固性加工是不可逆的。

热膨胀（thermal expansion）：塑料或钢材热胀冷缩的趋势。

热塑性塑料（thermoplastic）：可以反复通过加热变软或冷却变硬的塑料。

热性能（thermal properties）：选择和加工材料时重要的热性能有热变形温度（HDT）、热导率、热膨胀系数、动态力学分析曲线、差热分析（DTA）以及热重分析（TGA）。

熔点（melt point）：结晶区域分裂并开始流动的温度，用 T_m 表示。

熔接线（weld lines）：注塑成型时两股料锋汇合后在成品上留下的可见斑痕。

熔体流动速率（melt index）：在特定的时间、温度和压力条件下，热塑性材料通过特定直径和长度的孔测定出的挤出速率。

熔料（melt）：处于熔融状态或超过熔化点温度以上的塑料。

熔料空射（melt air shot）：在典型的成型条件下采集的熔料样本，它能显示熔料的实际温度。

熔体强度（melt strength）：熔融态时的塑料强度。

色母料（color concentration）：含色母成分较高的塑料粒子。色母料可以有颗粒或液体形式。

扇形浇口（fan gate）：连接流道和型腔扇形开口。该种形状的浇口通过在较大范围内分散料流，能够减少浇口附件的残余应力。这种浇口也可用来降低材料发生喷射（jetting）的可能。

烧焦（burned）：塑料出现因热降解和褪色现象。无法从排气槽中溢出的气体被挤压并被点燃（柴油机效应）。

注射量（shot size）：填充模具型腔、流道和主流道所需的塑料总量。应介于料筒容量的 20% ～ 65%。

注射容量（shot capacity）：机台在一个行程里可处理的最大材料量。

喷嘴（nozzle）：连接模具和注塑机之间具有防渗漏功能的部件，熔料从中流过。

湿度（humidity）：空气的干湿程度。

收缩（shrinkage）：由于冷却时分子间空间缩小造成的聚合物体积减小。通常在填充不足的情况下发生。

疏水性（hydrophobic）：分子与水互相排斥的物理性质。

树脂（resin）：大多数树脂都具有高分子量、较长分子链或网状分子结构。通常树脂在低分子量状态下较容易溶解。

树脂富集区（resin-rich area）：局部充满树脂但缺乏增强材料的区域。

树脂含量（resin content）：层压材料中用总重量或总体积百分比表示的树脂含量。

树脂匮乏区（resin-starved area）：局部增强材料过多而树脂匮乏的区域。

栓柱（boss）：设计在产品表面上的凸起部分，用于加强产品的强度、装配时的定位或与对手零件的连接。栓柱如果设计不当容易引起缩痕。

双色注塑（two-shot molding）：在一套或一组模具中注塑成型两种颜色或两种材料产品的技术。该工艺通过将热塑性塑料注入闭合的模具中，将半套模具转移并配合另半套型腔形状不同的模具，并在第一次成型的产品周围注入颜色不同的塑料或另一种塑料来完成。

水解（hydrolysis）：在加热和加压的情况下，加入水使分子分裂。如在加工过程中，与水反应分解物质。

松退（suck back）：注塑周期结束后，通过螺杆回退将喷嘴里的树脂部分清理的技术，于是树脂被吸回注射单元。该技术可以用于防止浇口或喷嘴流涎。

塑料（plastic）： 含有一种或多种分子量较大的聚合物作为基本成分的材料，成品为固态，在制造或加工为制成品的某些阶段中，可以通过流动来成型。

塑性变形（plastic deformation）： 在压强、应力或载荷消除后，物体仍无法恢复其原始形状或尺寸的变形。

缩痕（sink mark）： 由于树脂冷却时的收缩或塌陷在注塑件上形成的凹陷。

锁紧力（locking force）： 施加在注塑机锁模（液压、曲臂或机械式）系统上的力，用以合紧模具。

锁模板（clamping plate）： 将模具固定在注塑机上的模具面板。

锁模吨位（clamping tonnage）： 注塑机的额定锁模能力。

锁模力（clamping force）： 注塑机保持模具闭合并平衡注射压力的锁紧力。

锁模面积（clamping area）： 注塑机在最大注射压力下能够锁定的最大产品注塑面积。

锁模系统（clamping system）： 注塑机提供开合模具的模板（前、后模板），并在注塑成型时保持模具闭合。

锁模压力（clamping pressure）： 作用在注塑模具上保持模具闭合的压力。

添加剂（additive）： 少量添加塑料粒子的原料或合成物，用以改善塑料在成型加工时的特性，或提高最终塑料材料的表面性能。

填充（fill）： 成型工艺第一阶段为填充型腔，不包括补缩和保压。

填充时间（fill time）： 从注塑信号启动至保压切换所需的时间。

投影面积（projected area）： 注塑件投影到与开模方向成直角的平面上的面积。

退火（annealing）： 以特定温度加热注塑件并缓慢冷却，使其内部应力得到释放但不产生变形的处理方式。

脱模剂（mold release agent）： 喷涂在模具型腔表面上防止产品粘连的功能助剂。

脱模斜度（draft）： 为便于注塑件脱模在模具型腔侧壁上设计的斜度。任何不为零的角度，无论正负。1° 脱模斜度在 1 in 高度上对应的水平位移量为 0.017453 in。

　　弯曲模量（flexural modulus）：样件弯曲应力和弯曲应变之比。

　　弯曲强度（flexural strength）：塑料材料在弯曲负荷作用下达到破裂或折断时的最大抗力。

　　往复式螺杆（reciprocating screw）：注塑机上用来软化、熔化和注射塑料的部件。

　　无定形（amorphous）：无晶体结构。

　　无定形高分子材料（amorphous polymers）：具有分子链随机纠缠特点的一类高分子材料，由于不具备晶体结构，其收缩率较半结晶材料低。

　　吸湿率（water absorption）：原料吸收的水分重量与原料重量的比例。

　　吸湿性（hygroscopic）：能吸收和保存环境里的水分。

　　纤维取向（fiberglass orientation）：大量纤维在同一个方向上分布，增加了产品在该方向上的强度。

　　相对密度（specific gravity）：在标准温度下，物质的密度（单位体积的质量）除以水的密度。它提供了一种比较材料成本的更准确的方法，因为塑料零件是按体积而不是按重量销售的。

　　相对湿度（relative humidity）：一定温度下空气中的水分百分比含量。

　　卸料板（stripper plate）：模具中的一块板，用于从型芯镶件或型芯上脱出注塑件。

　　形态学（morphology）：指聚合物的结构。

　　型腔（cavity）：注塑模具中成型注塑件外表面的具有产品形状镜像细节的工作零件。型腔通常在模具定模侧。

　　性能（properties）：在不同应用场合材料表现出的特性，用来比较和选择热塑性材料。

　　性能损失（property loss）：由于聚合物链分子的缩短降低了分子量，导致材料的性能降低。

　　压缩比（compression ratio）：往复式螺杆上进料段槽深和计量段槽深之比。该指标显示了塑料从进料段传输到计量段时受压缩的程度。

　　压应力（compressive stress）：压缩测试中样本横截面上单位面积的压力载荷。

　　伸长率（elongation）：在张力作用下，材料长度在受力方向上的部分增加。

液压锁模系统（hydraulic clamp）：应用于多种注塑和热压成型设备。液压锁模系统一般由高速可变液压泵、阀门、快速油缸和高压油缸组成。油缸可以独立或组合工作。夹紧系统关闭模具成型产品。

应变（strain）：应力引起的弹性变形。以给定方向上每单位长度的长度变化量计量，并以百分比或 in/in 等表示。

应力（stress）：物体中某一点上的单位力或分力，作用于穿过该点的平面上。以 psi 表示。

应力裂纹（stress crack）：由拉伸应力小于其短期机械强度而引起的塑料外部或更多情况下是内部裂纹。可能是由外力或内力引起的。

有效黏度（effective viscosity）：材料的加工黏度，对应于所有工艺参数以及材料特性。

增强塑料（reinforced plastic）：由成型加工前已加入了增强纤维，纤维网、织物等材料的树脂通过注塑成型、热压成型、纤维缠绕或挤压成型生产出塑料制件。制件的强度可以得到改善。

增压器（accumulator）：注塑机上为迅速输送熔料而安装的辅助液压源。液压油储存于液压容器中，用来提升注射速率。

稀释比（LDR-let down ratio）：着色塑料的着色比例（如 LDR 20：1 为 20L 本色料粒配 1L 色母）。

直浇口（sprue gate）：熔料从喷嘴直接流入模具型腔的通道。

止逆阀（non-return valve）：允许熔料单向流入并防止回流的阀，位于注塑机螺杆顶部。

止逆环（check ring）：螺杆前端止逆阀上的滑动环，它与底座一起在螺杆旋转时让熔料前流，而在注塑过程中阻止材料回流螺杆槽。注塑生产中由于磨损，该零件时常会发生泄漏。

主浇道（sprue）：注塑模具中连接注塑机喷嘴孔和流道的进胶主通道。主浇道中形成的塑料段。

润滑剂（slip agent）：塑料加工期间或加工后提供表面润滑的制剂。合成到塑料内部的润滑剂，它会渐渐渗出产品表面。

注射压力（injection pressure）：液压系统作用在柱塞上的压力，使塑料从料筒进入模具（以 psi 为单位）。

　　注塑应力（**molded-in stress**）：由注塑过程产生的分子间的取向应力以及分子间的压缩和拉伸应力。

　　柱塞（**ram**）：安装在注塑机上将塑料挤入模具的圆杆、活塞或螺杆。

　　柱塞行程（**ram travel**）：柱塞式注塑机上，柱塞将塑料通过加热料筒压入模具型腔需要移动的距离。

　　转化过程（**conversion process**）：将热塑性料粒转化成产品的过程

　　紫外线稳定剂（**UV stablizer**）：添加在热塑性树脂中的化合物添加剂，它可以选择性地吸收紫外射线。

　　阻燃剂（**flame retardant**）：分为反应型化合物和添加型化合物，均可与塑料混合成阻燃剂。反应型化合物可组成聚合物结构不可分割的部分，而添加型化合物则保持着其物理特性，散布在聚合物中。

18 参考文献

- John P. Beaumont. *Runner and Gating Design Handbook*, 2nd ed., （2007）Hanser Publishers, Munich.
- John P. Beaumont, Robert Nagel, and Robert Sherman. *Successful Injection Molding*, （2002）Hanser Publishers, Munich.
- Suhas Kulkarni. *Robust Process Development and Scientific Molding*, 2nd ed., （2017）Hanser Publishers, Munich.
- Tim A. Osswald, Lih-Sheng Turng, and Paul Gramann. *Injection Molding Handbook*, 2nd ed., （2007）Hanser Publishers, Munich.